Die Hochfrequenztechnik, Band I

Atmosphärische Störungen in der drahtlosen Nachrichtenübermittlung

Mit 24 Abb. im Text

Von

Dr. A. Koerts
den Haag (Holland)

Berlin W
Verlag von M. Krayn
1924

Die Hochfrequenztechnik, Bd. I

Koerts, Atmosphär. Störungen

Die
Hochfrequenztechnik
in Einzeldarstellungen

Herausgegeben

von

Dr. Eugen Nesper

Bd. I: Dr. A. Koerts, Atmosphärische Störungen in der drahtlosen Nachrichtenübermittlung

Berlin W
Verlag von M. Krayn
1924

Atmosphärische Störungen
in der
drahtlosen Nachrichtenübermittlung

Mit 24 Abb. im Text

Von

Dr. A. Koerts
den Haag (Holland)

Berlin W
Verlag von M. Krayn
1924

Vorwort.

Der Inhalt des vorliegenden Bändchens besteht im wesentlichen aus der Untersuchung, die meiner im Jahre 1922 erschienenen Doktordissertation zugrunde lag; aber sie wurde teilweise berichtigt und umgearbeitet. Als uns Herr Dr. Nesper im Namen des Verlegers vorschlug, die Arbeit, über die ich im „Jahrbuch der drahtlosen Telegraphie und Telephonie“ auszugsweise berichtet habe, selbständig herauszugeben, sagte ich gern zu und war zugleich bestrebt, in gedrängter Form eine Übersicht von dem Wesen der atmosphärischen Störungen in der drahtlosen Nachrichtenübermittlung zu geben. Die Arbeit ist zwar rein theoretisch, aber ich habe mich darin auf den Standpunkt des praktisch tätigen Radioingenieurs gestellt und nur diejenigen Fragen angeschnitten, die ihm hinsichtlich der Unterdrückung der Störungen wichtig erscheinen dürften. Ich hoffe damit dem in der Praxis tätigen Forscher zu einem selbständigen Urteil über die Natur des Problemes zu verhelfen, und insbesondere die Prinzipien klargelegt zu haben, die einer sachgemäßen Untersuchung der atmosphärischen Störungen zugrunde liegen müssen.

den Haag, Oktober 1923.

A. Koerts.

Inhaltsverzeichnis.

Kapitel IV.

Berichtigungen.

Seite 1, Zeile 11 v. u., setze $e^{i\omega_0 t}$ statt $c^{i\omega_0 t}$.
Seite 12, Zeile 13, setze $<$ statt $=$.
Seite 15, Zeile 2, setze 1 statt $d\alpha$.
Seite 19, Zeile 7 v. u., setze R_{km} statt R_{kr}.
Seite 23, Zeile 8 v. u., setze $e^{\nu_r(t-x)}$ statt $e^{(t-x)}$.
Seite 24, Zeile 12, setze $t-x$ statt $t-3$.
Seite 25, Zeile 4, setze U statt M.
Seite 28, Zeile 1 v. u., hinter $e^{i\alpha t}$ hinzufügen $d\alpha$.
Seite 39, Zeile 5 v. u., hinter $e^{i\alpha t}$ hinzufügen $d\alpha$.
Seite 83, Zeile 6 v. u., setze $e^{i\alpha t}$ statt $e^{i\alpha \hat{s}}$.

Einleitung.

Bereits im Entwicklungsstadium der drahtlosen Telegraphie machten sich die luftelektrischen Empfangsstörungen bemerkbar, aber man konnte die damit verbundenen Übelstände anfangs ohne besondere Schwierigkeiten beseitigen, etwa durch entsprechende Vergrößerung der Sendeenergie. Weil aber die Signale der alten Funkensender, die mit relativ niedriger Unterbrechungszahl arbeiteten, ein rasselndes und knackendes Geräusch im Empfangstelephon erzeugten, das von den Störungen kaum zu unterscheiden war, so mußte man zwecks Überbrückung der Pausen beim Übertragen der Strahlungsenergie, die heute für den kleinsten ungedämpften Sender erreichbar ist, schon ganz beträchtliche Energiemengen aufwenden.

Eine bedeutende Verbesserung dieser Verhältnisse brachte dann die Erfindung der Löschfunken nach zwei Richtungen hin. Erstens wurde den Signalen ein akustischer Rhythmus aufgedrückt, und dadurch ließen sich die Signale von den Störungen leichter unterscheiden, zweitens wurde die Dämpfung der Sendewelle beträchtlich verringert, wodurch eine weit bessere Abstimmung möglich war. Die Verringerung der Dämpfung und die Aufprägung des akustischen Rhythmus haben sich als Selektionsmittel bestens bewährt, und beide sind heute nach Entwicklung der ungedämpften Sender und des Schwebungsempfanges, kombiniert mit Dämpfungsreduktion, nahezu vollkommen zu nennen. Diese Selektionsmittel genügen aber bei weitem noch nicht, um den drahtlosen Nachrichtenverkehr auf große und sehr große Entfernungen unter allen Umständen zu sichern, zumal die im Laufe der Zeit verschiedentlich gemachten Vorschläge, zwecks Verringerung des Effektes der Störungen, mehr oder weniger erfolglos waren. Erst im Jahre 1918 schufen die Amerikaner Anordnungen, die anfangs beträchtliche Verbesserung in den Störungsverhältnissen versprachen. Aber sie erwiesen sich bald als ungenügend, und die Erfolge damit scheinen zum Teil den außerordentlichen persönlichen Leistungen der Telegraphisten zu entstammen, wobei nach Austin der Umstand, daß Amerika damals im Kriege war, eine große Rolle spielte.

Jedenfalls ist es bei dem gegenwärtigen Stande der Technik noch unmöglich, einen Sender zu bauen, mit dem während der Monate, in denen die Störungsverhältnisse am ungünstigsten sind, der Verkehr zwischen zwei weit entfernt gelegenen Punkten der Erde aufrechtzuerhalten ist. Insbesondere verhindern ökonomische Schwierigkeiten, abgesehen von reintechnischen, den Bau eines derartigen Senders.

Ist demnach die radikalste Lösung des Störungsproblems, Vergrößerung der Sendeenergie, als fast unausführbar zu betrachten, so muß man untersuchen, ob es nicht möglich ist, das Verhältnis Signal-Störung auf anderem Wege zu verbessern. Prinzipiell ist dies auf zwei Wegen möglich, erstens käme es auf den Versuch an, die Feldstärke des Signales bei konstanter Sendeenergie zu vergrößern und zweitens die Störungen relativ zu den Signalen herunterzudrücken. Der erste Weg bedeutet eine Vergrößerung des Wirkungsgrades der Übertragung. Schon vor langen Jahren wurden zu diesem Zwecke Antennenanordnungen vorgeschlagen, bei denen die Energie hauptsächlich in der Richtung der Empfangsstelle ausgestrahlt wird. In der Praxis sind derartige Antennengebilde für den Sender wegen ihrer hohen Kosten noch nicht benutzt worden. Für den Empfang aber erfolgten gerade in den letzten Jahren zahlreiche Versuche mit richtfähigen Antennensystemen, diese können zum Empfang verwendet werden, zum Senden dagegen nicht, denn die Herstellungskosten einer Empfangsantenne stehen in keinem Verhältnis mit denen einer Sendeantenne.

Andererseits ersannen etwa gleichzeitig Meißner in Deutschland, Alexanderson in Amerika und Latour in Frankreich Systeme zur Vergrößerung des Strahlungsrendements der Sendeantenne durch Verringerung der Verlustwiderstände. Das Strahlungsrendement der großen, für den transozeanischen Verkehr bestimmten Antennenanlagen, das vorher nur 3—10 % betrug, stieg hiernach auf 30 % und zuweilen sogar auf 50 %. Aber immer ist, wenn auch im idealsten Falle die gesamte Energie ausgestrahlt wird, die Empfangsstärke noch nicht groß genug, um die Signale relativ zu den Störungen so stark zu erhalten, daß die Verbindung absolut betriebssicher ist. Es scheint daher wünschenswert, auch die zweite der erwähnten Methoden, d. h. Verringerung der Störungen relativ zu den Signalen, möglichst zu vervollkommnen. Selbst wenn sich jetzt schon genügend kräftige Sendeanlagen bauen ließen, wäre eine Methode zur Verringerung des Effektes der atmosphärischen Störungen von großem Wert, weil sie erlaubt, die Sendeenergie in demselben Maße zu verringern, wie die Energie der Störungen relativ zur Signalenergie im Empfänger verringert werden könnte. Es ist daher wichtig, auf theoretischem Wege zu untersuchen, ob und inwieweit dieser Zweck mit den heutigen Mitteln der Technik erreicht werden kann.

Es wird dazu in diesem Bändchen die Störungsfreiheit der wichtigsten Empfangssysteme berechnet und insbesondere untersucht, welche Faktoren die Störungsfreiheit bestimmen. Als solche gilt das Verhältnis der von einer Signalwelle in der Zeit T an einen Empfangskreis übertragenen Energie zu der von einer Störung an diesen Kreis übertragenen Gesamtenergie.

Es muß zwar zugegeben werden, daß die so definierte Störungsfreiheit keineswegs ein Maß abgibt für die Lesbarkeit der Signale, aber die Energie ist eine fundamentelle physikalische Größe, die sich in der üblichen mathematischen Formelsprache ausdrücken läßt, während die Lesbarkeit der Signale bestimmt wird von zahlreichen physiologischen Faktoren, die sich durch mathematische Formeln nicht darstellen lassen. Im übrigen kommt der oben definierten Störungsfreiheit eine sehr große Bedeutung zu, wenn wir sie mit der erforderlichen Sendeenergie in Beziehung setzen.

Bei der Berechnung der Störungsfreiheit setzen wir voraus, daß irgend eine vagabundierende Welle den Empfänger trifft.

Eine Schwierigkeit macht anscheinend der unbekannte Charakter (Wellenform) der Störung. Es wird sich aber herausstellen, daß im allgemeinen die in den Empfangskreisen erregten Eigenschwingungen den größten Teil der Störungsenergie enthalten. Infolgedessen verliert die Frage nach der genauen Wellenform der Störung zum größten Teil ihre Bedeutung, und es kann bei den Rechnungen eine einfache aperiodische gedämpfte Störungswelle angenommen werden.

Im I. Kapitel der vorliegenden Arbeit wird zunächst die allgemeine Theorie eines beliebigen Systems von Schwingungskreisen behandelt und die Ergebnisse werden dann im II. Kapitel benutzt, um einen möglichst allgemeinen Überblick über das gesamte Problem zu gewinnen. Zwei weitere Kapitel enthalten schließlich die wichtigsten Empfangssysteme im einzelnen.

Die sogenannten Störungsbegrenzer (Limiters) sind nicht berücksichtigt worden, weil sie streng genommen keine Störungsbefreier im eigentlichen Sinne sind, sondern nur das Ohr oder den jeweiligen anderen Empfangsapparat gegen all zu starke Störungen schützen sollen. Als Sendewellen werden ausschließlich ungedämpfte Wellen vorausgesetzt.

1. Kapitel.

Allgemeine Theorie der Schwingungssysteme[1]).

1. Ein einfacher Schwingungskreis unter der Einwirkung einer äußeren Kraft von der Form $e^{i\omega_0 t}$.

Wenn auf einen elektrischen Kreis, der die Selbstinduktion L, die Kapazität C und den Widerstand R besitzt, zur Zeit $t=0$ die elektromotorische Kraft $Ee^{i\omega_0 t}$ zu wirken anfängt, und der Kreis vorhin in Ruhe war, kann man bekanntlich den zeitlichen Verlauf der Spannung an den Kondensatorbelegen durch Lösung der Differentialgleichung finden

$$LC\frac{d^2V}{dt^2}+RC\frac{dV}{dt}+V=Ee^{i\omega_0 t} \quad . \quad . \quad . \quad . \quad . \quad (1)$$

unter den Bedingungen

$$V=0 \text{ und } \frac{dV}{dt}=0,$$

$$\text{für } t=0.$$

Die Durchführung des bekannten Lösungsverfahrens ergibt

$$V=A\left(e^{i\omega_0 t}+\frac{\nu^*-i\omega_0}{\nu-\nu^*}e^{\nu t}-\frac{\nu-i\omega_0}{\nu-\nu^*}e^{\nu^* t}\right) \quad . \quad . \quad . \quad (2)$$

$$A=\frac{E}{-\omega_0^2 LC+i\omega_0 RC+1},$$

während ν und ν^* die Wurzeln der Gleichung

$$LCx^2+RCx+1=0$$

darstellen, die, weil die Koëffizienten reell, komplex konjugiert sind, was wir immer durch das Zeichen * angeben werden. Die Stromstärke J kann man leicht durch einmalige Differentiation des Ausdrucks CV nach t finden.

Ist $i\omega_0$ komplex, so ist auch der Ausdruck für V komplex, und man kann in bekannter Weise den Ausdruck für eine reelle EMK finden, wenn man den imaginären Teil fortläßt. Wir wollen die durch den Kreis aufgenommene Energie für den Fall berechnen, daß $i\omega_0$ reell und negativ, die *EMK* demnach gedämpft und aperiodisch ist, z. B. durch Ee^{-qt} dargestellt wird. Wir benutzen die Formel

$$U = \int_0^\infty EJdt$$

und durch Einsetzung der Ausdrücke für E und J finden wir, wenn wir setzen

$$\nu = -\delta + i\omega \text{ und } \nu^* = -\delta - i\omega,$$

$$U = \frac{E^2}{L}\frac{1}{(q+\delta)^2+\omega^2}\left\{-\frac{1}{2} + \frac{q^2+\delta^2+\omega^2}{(q+\delta)^2+\omega^2}\right\} \quad . \quad . \quad (3)$$

Wenn wir annehmen, daß δ, die Dämpfungskonstante der Eigenschwingung, klein ist gegen q, so ist angenähert

$$U = \frac{E^2}{2L}\frac{1}{q^2+\omega^2} \quad . \quad . \quad . \quad . \quad . \quad . \quad . \quad (4)$$

Berechnen wir jetzt noch die Energie, die der Kreis aufnimmt, wenn die äußere Kraft sinusförmig ist, so finden wir die Störungsfreiheit, d. h. das Verhältnis der bei sinusförmiger Erregung während einer gewissen, unbestimmten Zeit T absorbierten Energie und der Störungsenergie bei Voraussetzung gleicher Amplituden der sinusförmigen Signalwelle und der störenden Schwingung. Wir wählen dazu die Kreisfrequenz ω_0 der erregenden Kraft derart, daß die Resonanzbedingung

$$\omega_0{}^2 LC = 1$$

erfüllt ist. Dann ist

$$J = \frac{E \sin \omega_0 t}{R},$$

und die während der Zeit T im Widerstand R verzehrte Energie, wenn T genügend groß genommen wird,

$$\int_0^T RJ^2 dt = \frac{E^2 T}{2R} = \frac{E^2 T}{4\delta L},$$

daher die Störungsfreiheit des einzelnen Kreises

$$S_1 = \frac{q^2+\omega^2}{2}\frac{T}{\delta} \quad . \quad . \quad . \quad . \quad . \quad . \quad . \quad . \quad (5)$$

Jede Abweichung von der Resonanzbedingung zeitigt eine geringere Störungsfreiheit und wir wollen daher immer Resonanz voraussetzen. Die oben benutzte Methode zur Berechnung der Störungsenergie kann ohne weiteres auf den Fall mehrerer gekoppelter Kreise übertragen werden. Die Rechnungen werden aber bald sehr verwickelt, und es empfiehlt sich daher, ein anderes Lösungsverfahren anzuwenden, das wir hier am soeben behandelten Beispiele erläutern werden. Bekanntlich kann man eine beliebige Funktion einer Variabelen mittels des Fourierschen Doppelintegrales als eine Summe von einfach periodischen Funktionen darstellen. Eine der Formeln, durch die der Fouriersche Lehrsatz ausgedrückt werden kann, ist[2]):

$$f(t)=\frac{1}{2\pi}\int_{-\infty}^{+\infty} d\alpha \int_{a}^{b} f(x)\, e^{i\alpha(t-x)}\, dx \quad . \quad . \quad . \quad . \quad (6)$$

Durch diese Formel ist $f(t)$ für den Bereich $a-b$ der Variabelen t definiert. Es läßt sich ohne Mühe beweisen, daß das Doppelintegral der rechten Seite für Werte von t außerhalb dieses Bereiches null ist. Durch Integration zwischen den Grenzen a und b erhalten wir die Formel:

$$f(t)=\frac{1}{2\pi}\int_{-\infty}^{+\infty} \varphi(\alpha)\, e^{i\alpha t}\, d\alpha \quad . \quad . \quad . \quad . \quad . \quad . \quad . \quad (7)$$

Wenden wir diese Formel auf das rechte Glied der Differentialgleichung an

$$a\frac{d^2x}{dt^2}+b\frac{dx}{dt}+x=f(t),$$

dann erhalten wir

$$a\frac{d^2x}{dt^2}+b\frac{dx}{dt}+x=\frac{1}{2\pi}\int_{-\infty}^{+\infty} \varphi(\alpha)\, e^{i\alpha t}\, d\alpha$$

und der Ausdruck:

$$x=\frac{1}{2\pi}\int_{-\infty}^{+\infty} \frac{\varphi(\alpha)\, e^{i\alpha t}\, d\alpha}{a(i\alpha)^2+bi\alpha+1} \quad . \quad . \quad . \quad . \quad . \quad (8)$$

ist gewiß eine Lösung der Gleichung.

Für den speziellen Fall, daß wie in Gleichung (1), $i\omega_0=-q$, erhalten wir als Fourierdarstellung der äußeren Kraft:

$$e^{-qt}=\frac{1}{2\pi}\int_{-\infty}^{+\infty} e^{i\alpha t}\, d\alpha \int_{0}^{\infty} e^{-(i\alpha+q)x}\, dx=\frac{1}{2\pi}\int_{-\infty}^{+\infty} \frac{e^{i\alpha t}\, d\alpha}{q+i\alpha} \quad . \quad . \quad (9)$$

Weil, wie aus der Wahl der Grenzen 0 und ∞ im zweiten Integrale hervorgeht, die Funktion e^{-qt} nur für positive Werte von t definiert und für negative Werte null ist, können wir das Integral (9) auffassen als eine Summe von sinusförmigen Kräften, die immer auf den Kreis gewirkt haben. Für jede dieser Kräfte hat sich also der stationäre Zustand schon eingestellt, und wir dürfen daher erwarten, daß die entsprechend (8) gefundene Lösung tatsächlich für die Anfangsbedingungen gilt, die wir bei der Integration der Gleichung (1) angenommen haben, d. h.

$$V = 0 \quad \text{und} \quad \frac{dV}{dt} = 0,$$

wenn $t = 0$.

Die anfangs gefundene Lösung (2) erhält also bei diesem Lösungsverfahren, wenn $i\omega_0 = -q$, die Form:

$$V = \frac{E}{2\pi L C} \int_{-\infty}^{+\infty} \frac{e^{i\alpha t} d\alpha}{(q + i\alpha)(i\alpha - \nu)(i\alpha - \nu^*)} \quad . \quad . \quad . \quad (10)$$

Daß diese Formel tatsächlich identisch ist mit (2) geht aus dem nächsten Abschnitt hervor.

---

2. Funktionen einer komplexen Variabelen.

Die komplexe Variabele[3])

$$z = x + iy$$

kann in einer Ebene dargestellt werden, wenn x und y als z. B. rechtwinklige Koordinaten eines Punktes aufgefaßt werden. Wir können auch Polarkoordinaten benutzen und bekommen dann:

$$z = x + iy = Re^{i\varphi} = R(\cos\varphi + i\sin\varphi).$$

Es ist

$$R = \sqrt{x^2 + y^2},$$

$$\varphi = arctg\frac{y}{x}.$$

R heißt der Modulus der komplexen Größe z und φ das Argument. Den Modulus irgend einer komplexen Größe geben wir oft durch einen vertikalen Strich zu beiden Seiten der betreffenden Größe an. So wird z. B. mod. z dargestellt: $|z|$. Durch eine einfache geometrische Betrachtung beweist man leicht

$$|z_1 + z_2| \leqq |z_1| + |z_2|$$

und im allgemeinen

$$|\Sigma z| \leqq \Sigma |z|.$$

Zu jedem Punkte der gewählten Ebene gehört ein bestimmter Wert von z und umgekehrt. Wenn der Wert irgend einer Größe abhängt von dem Werte von z, nennen wir diese Größe eine

Funktion der komplexen Variabelen z. Die Darstellung dieser funktionellen Beziehung erfolgt mittels der üblichen Funktionszeichen $f(z)$ usw. Die Werte der Funktion $f(z)$ kann man in einer zweiten Ebene ebenfalls durch Punkte darstellen.

Im allgemeinen wird $f(z)$ selbst auch eine komplexe Größe sein, und die Ebenen, die zur Darstellung von komplexen Größen dienen, bezeichnen wir als komplexe Ebenen.

Geben wir der Variabelen z eine Reihe von stetig aufeinander folgenden Werten, so können wir diese stetige Reihenfolge in der z Ebene durch eine stetige Kurve abbilden. Weil jedem Punkte dieser Kurve mindestens ein Punkt in der $f(z)$ Ebene entspricht, wird dieser Kurve in der z Ebene eine Kurve in der $f(z)$ Ebene entsprechen, deren Punkte die Werte von $f(z)$ darstellen. Ist $f(z)$ keine eindeutige Funktion, d. h. gehören zu einem Werte von z zwei oder mehrere Werte von $f(z)$, so gehören zu der Kurve in der z Ebene zwei oder mehrere Kurven in der $f(z)$ Ebene.

Bei den Betrachtungen jedoch, um die es sich hier handelt, werden wir im allgemeinen nur mit einwertigen Funktionen zu tun haben. Außerdem sind die in unseren Anwendungen vorkommenden Funktionen analytisch, d. h. wenn z und $z + \delta z$ zwei benachbarte Werte der komplexen Variabelen z und u und $u + \delta u$ die zugehörigen Werte von $f(z)$ sind, so soll der Ausdruck

$$\lim_{\delta z = 0} \frac{\delta u}{\delta z}$$

einen bestimmten Wert haben, unabhängig von dem Verhältnis der Größen δx und δy, die beide unendlich klein werden müssen, wenn sich δz der Null nähert. Diesen Wert nennen wir den Differentialquotienten von u nach z und bezeichnen ihn in der üblichen Weise mit $\frac{df(z)}{dz}$ oder $f^1(z)$ usw. Die Bedingung, daß das Verhältnis von δx und δy keinen Einfluß auf den Differentialquotienten haben darf, können wir auch geometrisch interpretieren. Bei der Darstellung der Werte von z in der komplexen Ebene wird nämlich durch das Verhältnis von δx und δy die Richtung bestimmt, aus der der Punkt $z + \delta z$ sich dem Punkte z nähert, und wir können sagen, daß der Differentialquotient unabhängig von dieser Richtung sein muß. Wenn in irgend einem Gebiete der z Ebene die Funktion $f(z)$ einwertig ist und einen endlichen einwertigen Differentialquotienten besitzt, so ist die Funktion in diesem Gebiete analytisch. Es lassen sich leicht Funktionen finden, die diesen Bedingungen nicht genügen.

Wenn wir z. B. setzen

$$u = f(z) = x - iy,$$

so ist

$$\lim_{\delta z = 0} \frac{\delta u}{\delta z}$$

nicht unabhängig von der Weise in der δz sich Null nähert.

Wenn in der z Ebene irgend eine Kurve C gegeben ist, können wir längs dieser Kurve das Kurvenintegral

$$\int_C f(z)\, dz \quad . \quad . \quad . \quad . \quad . \quad . \quad . \quad . \quad (11)$$

bilden. Ist die Kurve C in sich geschlossen, so bezeichnen wir den Integrationsweg C als eine Kontur, und das Integral (11) als Konturintegral. Ist $f(z)$ einwertig und stetig längs der Kontur, so ist es offenbar gleichgültig, welchen Punkt dieser Kurve man als Anfangspunkt bei einmaliger Integration längs der ganzen Kontur nimmt.

Wenn die Funktion $f(z)$ in allen Punkten der Kontur und innerhalb des von ihr umschlossenen Gebietes analytisch ist, so wird nach dem Theoreme von Cauchy

$$\int_C f(z)\, dz = 0.$$

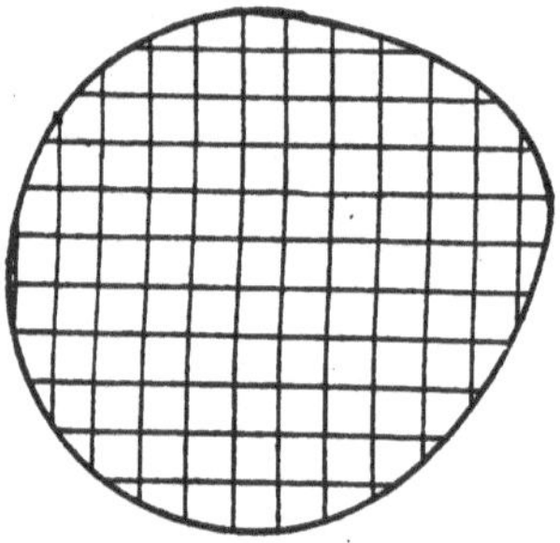

Fig. 1.

Nehmen wir z. B. als Kontur die in der Fig. 1 dargestellte geschlossene Kurve C, so können wir die ganze Fläche durch zwei Systeme von parallelen Graden unterteilen. Wenn die Graden der beiden Systeme orthogonal zueinander sind, wird die von der Kontur umschlossene Fläche in Rechtecke geteilt. Nur die Randelemente werden teilweise von den Rechteckseiten und teilweise von der Kurve C begrenzt. Das ursprüngliche Konturintegral können wir jetzt durch die Konturintegrale der einzelnen Elementarteile des Gebietes ersetzen. Jede der innerhalb dieses Gebietes liegende Grenze der Elementarteile wird dann zweimal bei der Integration berücksichtigt, und zwar einmal in dem einen und das zweite Mal im andern Sinne, wenn wir bei der Integration längs den Elementarkonturen immer in demselben Sinne verfahren. Die Linienintegrale längs den innerhalb des Gebietes liegenden Rechteckseiten heben sich also gegenseitig auf, und nur das ursprüngliche Konturintegral bleibt übrig. Wir können dann das ursprüngliche Integral in zwei Teile zerlegen. Der eine Teil wird gebildet durch die Summe der Integrale längs den Konturen, die an die Kurve C grenzen, während der andere Teil durch die Summe der Integrale längs den innerhalb C liegenden vollständigen Rechtecken gebildet wird. Also

$$\int_C f(z)\,dz = \sum_{n=1}^{M} \int_{C_n} f(z)\,dz + \sum_{n=1}^{N} \int_{R_n} f(z)\,dz,$$

wobei die C_n sich beziehen auf die Elementarkonturen, die teilweise von C begrenzt sind, und die R_n auf die anderen. Weil $f(z)$ stetig ist, können wir setzen

$$f(z) = z f'(z_n) + f(z_n) - z_n f'(z_n) + \varepsilon_n (z - z_n),$$

wobei ε_n unendlich klein wird, sobald die Differenz $z - z_n$ sich dem Werte null nähert.

Daher ist

$$\int_{R_n} f(z)\,dz = f'(z_n) \int_{R_n} z\,dz + \Big(f(z_n) - z_n f'(z_n)\Big) \int_{R_n} dz + \int_{R_n} \varepsilon_n (z - z_n)\,dz.$$

Wir sehen ohne weiteres, daß

$$\int_{R_n} z\,dz = \left[\frac{1}{2} z^2\right]_{R_n} = 0$$

und

$$\int_{R_n} dz = \Big[z\Big]_{R_n} = 0,$$

und wir erhalten somit

$$\int_{R_n} f(z)\,dz = \int_{R_n} \varepsilon_n (z - z_n)\,dz.$$

Es sei nun l_n die Seite des Rechteckes, das wir als Quadrat annehmen; es folgt dann:

$$\left|\int_{R_n} f(z)\,dz\right| = \left|\int_{R_n} \varepsilon_n (z - z_n)\,dz\right| \leqq \int_{R_n} \left|\varepsilon_n (z - z_n)\,dz\right|$$
$$< \varepsilon\, l_n \sqrt{2} \int_{R_n} \left|dz\right| = 4 \varepsilon\, l^2_n \sqrt{2}.$$

ε ist der Maximalwert von ε_n in irgend einem der Elementarquadrate. Der Faktor $\sqrt{2}$ rührt daher, daß der größte Wert der Differenz $z - z_n$ nicht größer sein kann als $l_n \sqrt{2}$, wobei z_n ein Punkt innerhalb R_n ist und z auf dem Umfang liegt. In ähnlicher Weise finden wir für die Elemente C_n

$$\left|\int_{C_n} f(z)\,dz\right| \leqq \int_{C_n} \left|\varepsilon_n (z - z_n)\,dz\right|$$
$$< l_n \sqrt{2} \int_{C_n} \left|dz\right| < 4 \varepsilon (l^2_n + l_n \lambda_n) \sqrt{2},$$

wenn λ_n die innerhalb des Rechteckes gelegene Kurvenlänge von C darstellt, von dem C_n einen Teil bildet. Im ganzen also

$$\left|\int_C f(z)\,dz\right| \leqq \sum_{n=1}^{M} \left|\int_{C_n} f(z)\,dz\right| + \sum_{n=1}^{N} \left|\int_{R_n} f(z)\,dz\right|$$

$$< 4\varepsilon\sqrt{2}\left\{\sum_{n=1}^{M} l_n^2 + l\sum_{n=1}^{M} \lambda_n + \sum_{n=1}^{N} l_n^2\right\} < 4\varepsilon\sqrt{2}\,(l^2 + l\lambda),$$

wenn l die Seite eines Quadrates ist, das alle Elementargebiete umfaßt, und λ die ganze Länge der Kontur C darstellt.

Weil l und λ unabhängig von ε sind, und ε durch entsprechende Verkleinerung von l_n beliebig klein ausfallen kann, so muß sein:

$$\int_C f(z)\,dz = 0.$$

Aus diesem Resultate können wir unmittelbar folgern, daß das Kurvenintegral

$$\int_{AB} f(z)\,dz,$$

zwischen den Punkten A und B von dem gewählten Integrationswege unabhängig ist, solange nur die in Frage kommenden Integrationswege von A nach B ein Gebiet ein-

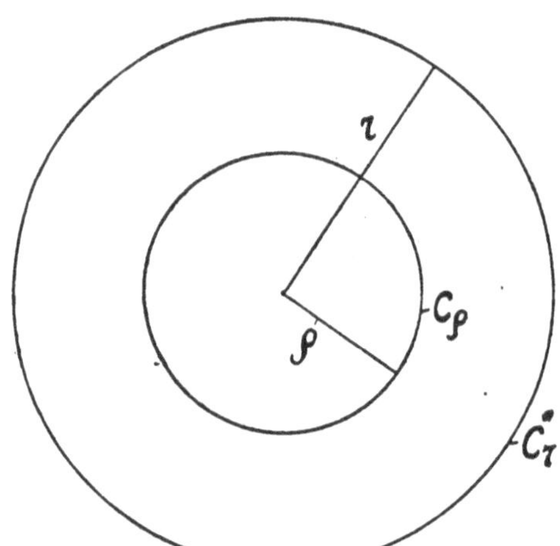

Fig. 2.

schließen, in dem $f(z)$ eine analytische Funktion darstellt. Ist in einem Punkte z_0 die Funktion nicht analytisch, so kann man um diesen Punkt eine geschlossene Kurve C_0 legen, und das gefundene Resultat bleibt gültig für die ringförmige Fläche, die von der Kurve C_0 und einer um C_0 liegenden geschlossenen Kurve C_1 begrenzt ist. Die Kontur besteht in diesem Falle aus den beiden Kurven, die bei der Integration in entgegengesetzter Richtung durchlaufen werden müssen. Als Regel nehmen wir dafür an, daß das durch die Kontur umschlossene Gebiet an der linken Seite liegt; im Gegenteil bekommt das Integral das entgegengesetzte Vorzeichen. Solange die Funktion im eingeschlossenen Gebiete analytisch ist, hat die Umlaufsrichtung keine Bedeutung, weil das Integral doch den Wert null hat. In den meisten Fällen handelt es sich aber grade um einen der beiden Teilintegrale. Es sei z. B. gegeben die Funktion $\frac{1}{z}$, die mit Ausnahme des Punktes $z=0$ in der ganzen komplexen Ebene analytisch ist. Legen wir um den Punkt $z=0$ zwei Kreise, mit den Radien ϱ und r, wobei $\varrho < r$ sein soll (Fig. 2), so ist in dem ringförmigen Gebiete zwischen diesen beiden Kreisen die Funktion analytisch, daher:

$$\int_C \frac{dz}{z} = \int_{C_\rho} \frac{dz}{z} + \int_{C_r} \frac{dz}{z} = 0,$$

wenn C_ρ und C_r die beiden Kreise bedeuten. Diese Formel bleibt gültig, so klein auch ϱ gewählt wird.

Wenn wir setzen

$$z = \varrho e^{i\theta},$$

so wird

$$\int_{C_\rho} \frac{dz}{z} = -\int_0^{2\pi} i\,d\theta = -2\pi i,$$

daher

$$\int_{C_r} \frac{dz}{z} = 2\pi i,$$

wobei der Kreis C_r in der entgegengesetzten Richtung des Uhrzeigers durchlaufen wird.

Dieses Resultat kann leicht verallgemeinert werden. Wir wählen irgend eine Kontur C, innerhalb der $f(z)$ analytisch ist.

Dann ist, wenn x ein Punkt innerhalb der Kontur ist, die Funktion $\frac{f(z)}{z-x}$ in allen Punkten der Kontur analytisch mit Ausnahme des Punktes x. Um x legen wir nun einen Kreis mit dem Radius ϱ und erhalten

$$\int_{C_\rho} \frac{f(z)\,dz}{z-x} + \int_C \frac{f(z)\,dz}{z-x} = 0,$$

wobei die Kontur C_ρ im negativen Sinne durchlaufen wird.

Weil $f(z)$ in der Umgebung von $z=x$ stetig ist, können wir zu einem gegebenen positiven ε eine Zahl δ finden, derart, daß

$$|f(z)-f(x)-(z-x)f'(x)| \leqq \varepsilon |z-x|$$

sobald

$$|z-x| < \delta .$$

Wählen wir nun $\varrho < \delta$, so ist

$$\int_{C_\rho} \frac{f(z)\,dz}{z-x} = \int_{C_\rho} \frac{f(x)+(z-x)f'(x)+\eta(z-x)}{z-x}\,dz,$$

wobei $|\eta| \leqq \varepsilon$.

Durch die Substitution

$$z-x=\varrho e^{i\theta}$$

geht dies über in:

$$-\int_0^{2\pi} (f(x)+\varrho e^{i\theta} f'(x) + \eta \varrho e^{i\theta}) i d\theta = -2\pi i f(x),$$

weil wir ϱ beliebig klein wählen können.

Wir erhalten also:

$$\int_C \frac{f(z)\,dz}{z-x} = 2\pi i f(x) \quad . \quad . \quad . \quad . \quad . \quad . \quad (12)$$

Der Punkt x heißt ein Pol der Funktion $\frac{f(z)}{z-x}$, und $f(x)$ ist das zu diesem Pol gehörige Residu. Wenn also eine Funktion innerhalb einer Kontur C einen Pol besitzt, ist das Konturintegral längs C genommen gleich $2\pi i$ mal das zum Pole gehörige Residu. Es ist ohne weiteres klar, daß, sobald innerhalb der Kontur mehrere Pole liegen, das Integral gleich $2\pi i$ mal die Summe der Residue ist, oder

$$\int_C \psi(z)\,dz = 2\pi i \sum_{k=1}^{n} R(x_k) \quad . \quad . \quad . \quad . \quad . \quad (13)$$

wenn $R(x_k)$ das zum Pole x_k gehörige Residu ist. Aus den gegebenen Beispielen folgt, daß ein Pol eine Unendlichkeitstelle der Funktion ist. Die allgemeine Definition eines Poles lautet wie folgt:

Eine Funktion $f(z)$ hat im Punkte x einen Pol der Ordnung n, wenn wir diese Funktion für Werte in der Nähe von $z=x$ darstellen können in der Form

$$f(z) = F(z) + \frac{A_1}{z-x} + \frac{A_2}{(z-x)^2} + \ldots \frac{A_n}{(z-x)^n},$$

wobei $F(z)$ in dem betrachteten Gebiete analytisch ist. Ob eine Unendlichkeitstelle x einer beliebigen Funktion $f(z)$ ein Pol ist, können wir daher untersuchen durch Bestimmung des Grenzwertes:

$$\lim_{z=x} (z-x)^n f(z).$$

Wenn für ein endliches positives ganzes n dieser Grenzwert endlich ist, so hat $f(z)$ bei x einen Pol der Ordnung n. Wenn x innerhalb der Kontur C liegt, ist

$$\int_C f(z)\,dz = \int_C F(z)\,dz + \sum_{\nu=1}^{n} \int_C \frac{A_\nu\,dz}{(z-x)^\nu},$$

wobei von den Integralen der rechten Seite nur

$$\int_C \frac{A_1\,dz}{z-x}$$

von null verschieden ist.

Der Wert ist, wie aus (12) folgt $2\pi i A_1$, und A_1 ist das Residu der Funktion $f(z)$ für den Pol x.

In den Anwendungen kommt öfters $f(z)$ in der Form

$$f(z) = \frac{\varphi(z)}{(z-x)^n}$$

vor, wobei $\varphi(z)$ innerhalb der zu betrachtenden Kontur analytisch ist. Weil $\varphi(z)$ in der Umgebung von x stetig ist, können wir nach dem Theorem von Taylor entwickeln und bekommen:

$$f(z) = \frac{1}{(z-x)^n}\left\{\varphi(x) + (z-x)\,\varphi^1(x) + \ldots . \frac{(z-x)^{n-1}}{n-1!}\,\varphi^{n-1}(x)\right\} + \psi(z).$$

Das Residu beim Pol x ist somit:

$$R(x) = \frac{\varphi^{n-1}(x)}{n-1!} \quad \ldots\ldots\ldots \quad (14)$$

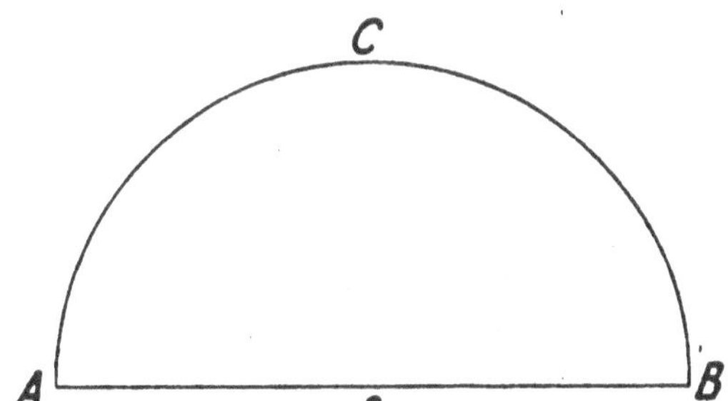

Fig. 3.

Wir sind jetzt imstande, die im 1. Abschnitt gefundene Lösung (10) der Differentialgleichung (1) zu untersuchen.

Es war:

$$e^{-qt} = \frac{1}{2\pi}\int_{-\infty}^{+\infty} \frac{e^{i\alpha t}\,d\alpha}{q+i\alpha} \quad \ldots\ldots\ldots \quad (9)$$

Fassen wir nunmehr α als komplexe Variabele auf und betrachten die Kontur $AOBCA$, die gebildet wird durch den Teil AB

der reellen Achse und den Halbkreis BCA, so ist die Funktion $\frac{e^{i\alpha t}}{q+i\alpha}$ innerhalb dieser Kontur analytisch mit Ausnahme des Punktes

$$\alpha = iq,$$

wo sie einen einfachen Pol hat. Es ist somit

$$\int_C \frac{e^{i\alpha t}\,d\alpha}{q+i\alpha} = 2\pi e^{-qt}.$$

Wir können setzen

$$\int_C = \int_{-R}^{+R} + \int_{BCA}$$

und weiterhin im zweiten Integral der rechten Seite

$$\alpha = Re^{i\theta},$$

dann bekommen wir, wenn R sehr groß wird gegen q

$$\int_C \frac{e^{i\alpha t}\,d\alpha}{q+i\alpha} = \int_{-R}^{+R} \frac{e^{i\alpha t}\,d\alpha}{q+i\alpha} + \int_0^{\pi} e^{-Rt(\sin\theta - i\cos\theta)}\,d\theta.$$

Weiter ist

$$\left|\int_0^{\pi} e^{-Rt(\sin\theta - i\cos\theta)}\,d\theta\right| < \int_0^{\pi} e^{-Rt\sin\theta}\,d\theta < \int_0^{\pi} e^{-\frac{2Rt\theta}{\pi}}\,d\theta = \frac{\pi}{2Rt}\,(t>0).$$

Wenn R ins Unendliche wächst, wird das längs dem Halbkreise genommene Integral gleich null, und demnach

$$\int_C \frac{e^{i\alpha t}\,d\alpha}{q+i\alpha} = \int_{-\infty}^{+\infty} \frac{e^{i\alpha t}\,d\alpha}{q+i\alpha},$$

so daß das Integral zwischen den Grenzen $-\infty$ und $+\infty$ durch das Kontur-Integral ersetzt werden darf.

Es läßt sich auch leicht beweisen, daß, wenn $t=0$, der Wert des Integrales (9) gleich $^1/_2$, und wenn $t<0$, gleich null ist. Im letzteren Falle besteht die Kontur aus der reellen Achse und einem unterhalb dieser Achse liegenden Halbkreise mit einem ins Unendliche wachsenden Radius.

Mit Hilfe derselben Kontur ist die Berechnung des Integrals möglich:

$$V = \frac{E}{2\pi LC} \int_{-\infty}^{+\infty} \frac{e^{i\alpha t}\,d\alpha}{(q+i\alpha)(i\alpha-\nu)(i\alpha-\nu^*)} \quad . \quad . \quad . \quad . \quad (10)$$

das wir als Lösung der Differentialgleichung (1) gefunden haben.

Oberhalb der reellen Achse liegen die drei Pole

$$\alpha = iq, \qquad \alpha = -i\nu, \qquad \alpha = -i\nu^*,$$

und wir erhalten somit wieder die Formel (2). Man kann leicht feststellen, daß der gefundene Ausdruck tatsächlich die Anfangswerte $V = 0$ und $\frac{dV}{dt} = 0$ hat. Es folgt dies aber auch aus der folgenden Betrachtung des Integrales (10)

$$V_{t=0} = \frac{E}{2\pi LC} \int_{-\infty}^{+\infty} \frac{d\alpha}{(q+i\alpha)(i\alpha-\nu)(i\alpha-\nu^*)}$$

und

$$\frac{dV}{dt_{t=0}} = \frac{E}{2\pi LC} \int_{-\infty}^{+\infty} \frac{i\alpha\, d\alpha}{(q+i\alpha)(i\alpha-\nu)(i\alpha-\nu^*)}.$$

Wählen wir aber als Kontur die reelle Achse und einen darunter liegenden Halbkreis mit unendlich werdendem Radius, so liegen innerhalb des durch diese Kontur umschlossenen Gebietes keine Pole des Integrands. Für beide Integrale gilt also

$$\int_C = 0.$$

Auf dem Umfang des Halbkreises ist wieder

$$\alpha = Re^{i\theta},$$

daher werden die beiden Integrale längs dem Halbkreis

$$\operatorname*{Lim}_{R=\infty} \int_0^{-\pi} \frac{Re^{i\theta}\, d\theta}{R^3 e^{3i\theta}} = 0$$

$$\operatorname*{Lim}_{R=\infty} \int_0^{-\pi} \frac{R^2 e^{2i\theta}\, d\theta}{R^3 e^{3i\theta}} = 0,$$

so daß auch die beiden Integrale zwischen den Grenzen $-\infty$ und $+\infty$ gleich null sein müssen.

---

3. Gekoppelte Systeme von Schwingungskreisen unter Einfluß einer äußeren Kraft von der Form $e^{i\omega_0 t}$.[4])

Bis jetzt haben wir einen einzigen Kreis betrachtet, auf den eine äußere Kraft wirkt. In den meisten Fällen handelt es sich aber um gekoppelte Systeme von Schwingungskreisen, deren einer oder mehrere von einer äußeren Kraft erregt werden. Grade in diesen Fällen bringt das vorhin betrachtete Lösungsverfahren mit dem Doppelintegral von Fourier einen Gewinn in Bezug auf Kürze und Eleganz. Wir betrachten den Fall, daß nur auf einen der

Kreise eine äußere Kraft wirkt. Nehmen wir an, daß alle Gebilde des Systems Schwingungsgebilde sind, also in elektrischer Beziehung, daß alle Kreise Selbstinduktion, Widerstand und Kapazität besitzen, so sind alle Differentialgleichungen linear und von der zweiten Ordnung. Als erregende Kraft setzen wir

$$A e^{i\alpha t} d\alpha,$$

wobei A irgend eine Funktion von α sein kann. Das allgemeinste Schwingungssystem kann dann mathematisch dargestellt werden durch das Gleichungssystem:

$$\left.\begin{array}{l} a_{11}\ddot{x}_1 + b_{11}\dot{x}_1 + c_{11}x_1 + \ldots\ldots c_{1n}x_n = A e^{i\alpha t} d\alpha \\ a_{21}\ddot{x}_1 + b_{21}\dot{x}_1 + c_{21}x_1 + \ldots\ldots c_{2n}x_n = 0 \\ \vdots \\ a_{n1}\ddot{x}_1 + b_{n1}\dot{x}_1 + c_{n1}x_1 + \ldots\ldots c_{nn}x_n = 0 \end{array}\right\} \quad . \quad (15)$$

Die Zahlen a_{11}, b_{11}, c_{11} usw. sind reelle Konstanten, A ist eine beliebige Funktion von α. Die Größen x_1, $x_2 \ldots x_n$ sind die Unbekannten und werden meist als die Koordinaten des Schwingungssystemes bezeichnet. In elektrischer Beziehung können es z. B. die Spannungen an den Kapazitäten der einzelnen Kreise oder die Stromstärken sein; $\ddot{x}$ und $\dot{x}$ gilt für $\frac{d^2x}{dt^2}$ und $\frac{dx}{dt}$.

Ähnlich wie im Falle des einzelnen Kreises bilden wir die Lösung für den stationären Fall. Wir brauchen dazu nur das Symbol $\frac{d}{dt}$ durch $i\alpha$ zu ersetzen und bekommen die Gleichungen:

$$\left.\begin{array}{l} \{(i\alpha)^2 a_{11} + i\alpha b_{11} + c_{11}\} x_1 + \ldots\ldots c_{1n}\} x_n = A e^{i\alpha t} d\alpha \\ \{(i\alpha)^2 a_{21} + i\alpha b_{21} + c_{21}\} x_1 + \ldots\ldots c_{2n}\} x_n = 0 \\ \vdots \\ \{(i\alpha)^2 a_{n1} + i\alpha b_{n1} + c_{n1}\} x_1 + \ldots\ldots c_{nn}\} x_n = 0 \end{array}\right\} \quad (16)$$

Dies ist ein System linearer algebraischer Gleichungen. Bezeichnen wir mit $\Delta_n(i\alpha)$ die Determinante der Koeffizienten und mit Δ_{1m} die Unterdeterminante des m^{ten} Gliedes der ersten Reihe von Δ_n, so ist

$$x_m = A \frac{\Delta_{1m}(i\alpha)}{\Delta_n(i\alpha)} e^{i\alpha t} d\alpha \quad \ldots\ldots \quad (17)$$

Durch geeignete Wahl von A als Funktion von α und Integration von $A e^{i\alpha t} d\alpha$ können wir jede äußere Kraft darstellen, und als Lösung erhalten wir dann

$$x_m = \int_{-\infty}^{+\infty} A(\alpha) \frac{\Delta_{1m}(i\alpha)}{\Delta_n(i\alpha)} e^{i\alpha t} d\alpha \quad \ldots\ldots \quad (18)$$

Wählen wir z. B.

$$A(\alpha) = \frac{1}{2\pi i} \frac{d\alpha}{\alpha - \omega_0},$$

so gibt der Ausdruck (18) die Lösung für den Fall, daß die Kraft $e^{i\omega_0 t}$ zur Zeit $t=0$ auf das System zu wirken anfängt. Fassen wir die x als die Spannungen in den einzelnen Kreisen eines elektrischen Systems auf, so muß

$$x_1 = x_2 = \ldots\ldots x_n = \dot{x}_1 = \dot{x}_2 = \ldots\ldots \dot{x}_n = 0$$

sein, wenn $t=0$, also

$$\left.\begin{aligned} \frac{1}{2\pi i}\int_{-\infty}^{+\infty} \frac{\Delta_{1m}(i\alpha)}{\Delta_n(i\alpha)} \frac{d\alpha}{\alpha - \omega_0} = 0 \\ \frac{1}{2\pi i}\int_{-\infty}^{+\infty} \frac{i\alpha\Delta_{1m}(i\alpha)}{\Delta_n(i\alpha)} \frac{d\alpha}{\alpha - \omega_0} = 0 \end{aligned}\right\} \quad \ldots\ldots \quad (18')$$

Solange es sich um eine endliche Zahl n von Schwingungskreisen handelt, sind $\Delta_{1m}(i\alpha)$ und $\Delta_n(i\alpha)$ Polynome des $2n-2^{\text{ten}}$ und des $2n^{\text{ten}}$ Grades und mit Hilfe der schon früher benutzten Kontur läßt sich zeigen, daß tatsächlich die Gleichungen (18′) erfüllt sind, wenn alle Pole des Integrands oberhalb der reellen Achse liegen. Es müssen dazu alle Eigenschwingungen, die bekanntlich durch die Wurzeln $\nu_1 \ldots \nu_{2n}$ der Gleichung

$$\Delta_n(i\alpha) = 0 \quad \ldots\ldots\ldots \quad (19)$$

gegeben sind, ebenso die erregende Schwingung, die durch den Wert von ω_0 charakterisiert wird, gedämpft sein.

Mit Hilfe der Theorie der Residue kann dann das Integral (18) ausgewertet werden, und wir finden:

$$x_m = \frac{\Delta_{1m}(i\omega_0)}{\Delta_n(i\omega_0)} e^{i\omega_0 t} + \sum_{r=1}^{2n} R_{1r}(\nu_r)\, e^{\nu_r t} \quad \ldots \quad (20)$$

worin

$$R_{1r}(\nu_r) = \operatorname*{Lim}_{i\alpha \to \nu_r} \frac{\Delta_{1m}(\nu_r)}{\nu_r - i\omega_0} \frac{i\alpha - \nu_r}{\Delta_n(i\alpha)}.$$

Trotzdem für den Ausdruck (20) die Annahme gilt, daß alle Eigenschwingungen ebenso wie die erregende Schwingung gedämpft sind, kann doch leicht gezeigt werden, daß er seine Gültigkeit auch dann beibehält, wenn die erregende Schwingung und die Eigenschwingungen rein periodisch oder sogar „negativ“ gedämpft sind, d. h. wenn ω_0 oder zwei oder mehrere der ν einen positiven reellen Teil besitzen. Bei physischen Systemen sind natürlich alle Eigenschwingungen immer gedämpft, und so hat das erwähnte

Resultat nur mathematische Bedeutung. Wir werden den Beweis daher nicht durchführen, sondern nur den Weg angeben, der im übrigen sehr einfach ist. Man braucht nur die schon öfters benutzte Kontur der Figur 3 so weit abzuändern, daß man, wenn der reelle Teil von ν_r positiv oder null ist, um den zugehörigen Pol $-i\nu_r$ eine Schleife oder irgend eine geschlossene Kurve legt und diese dann mit zur Kontur C rechnet. Es ist dann freilich nicht mehr

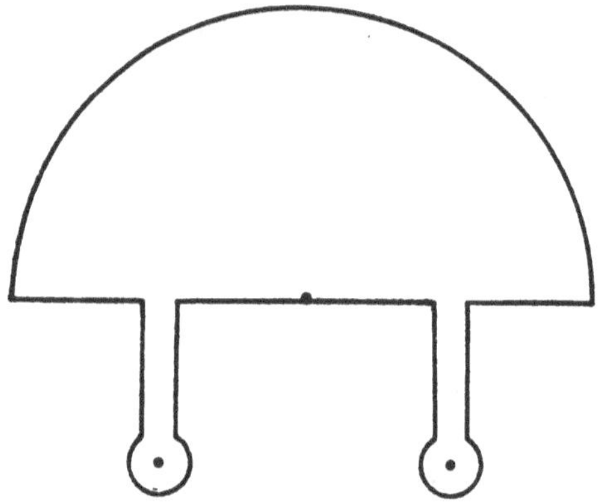

Fig. 4.

erlaubt, das Konturintegral längs C durch ein Integral zwischen den Grenzen $-\infty$ und $+\infty$ zu ersetzen, aber der gefundene Ausdruck bedeutet auch im allgemeinsten Falle die richtige Lösung.

Hat die Gleichung

$$\Delta_n(i\alpha) = 0$$

zwei oder mehr gleiche Wurzeln, so wird, wenn z. B. ν eine n fache Wurzel ist,

$$x_m = \int_C \frac{f(\alpha)\, e^{i\alpha t}}{(i\alpha - \nu)^n}\, d\alpha.$$

Wir erhalten dann den Fall der Formel (14), wo die Berechnung des Integrals gezeigt wurde.

Es sei schließlich noch bemerkt, daß man die Kontur C immer durch irgend eine andere oder eine Kombination von anderen ersetzen kann, wenn nur jeder Pol einmal umkreist wird.

---

4. Integration eines Systems von Differentialgleichungen bei gegebenen Anfangswerten.

In den bis jetzt behandelten Fällen ist immer eine äußere erregende Kraft angenommen worden. Es kommt aber häufig vor, daß die Bewegungen der Teile eines Schwingungssystems gesucht werden, wenn keine äußeren Kräfte wirken, sondern nur bestimmte Anfangswerte der Koordinaten und deren Differentialquotienten nach t gegeben sind. Physikalisch gedeutet heißt dies, daß zur Zeit $t = 0$ eine gewisse Energie in den verschiedenen Teilen des Systemes angehäuft ist und zum Ausschwingen gerät. Die Gleichungen sind in diesem Falle homogen, d. h. alle ihre rechten Glieder sind null. Mit Hilfe der hier entwickelten Methode können wir die Lösung dazu finden, wenn wir ein entsprechend gewähltes zweites Glied annehmen d. h. geeignete Kräfte auf das System wirken lassen. Es entsteht dann eine erzwungene und eine freie Bewegung, und es ist möglich, die Kräfte so zu wählen, daß die mit Hilfe unserer Methode gefundene Lösung auch die gesuchte freie Bewegung mit enthält.

Das Gleichungssystem sei

$$\left.\begin{array}{l} a_{11}\ddot{x}_1 + b_{11}\dot{x}_1 + c_{11}x_1 + \ldots . c_{1n}x_n = 0 \\ \vdots \\ a_{n1}\ddot{x}_1 + b_{n1}\dot{x}_1 + c_{n1}x_1 + \ldots . c_{nn}x_n = 0 \end{array}\right\} \quad \ldots \quad (21)$$

und die Anfangswerte seien

$$x_{r0} \text{ und } \dot{x}_{r0} \quad \ldots \ldots \ldots \quad (22)$$

Die Lösung hat im allgemeinen die Form:

$$x_m = \sum_{r=1}^{2n} P_{mr} e^{\nu_r t} \quad \ldots \ldots \ldots \quad (23)$$

während

$$\sum_{r=1}^{2n} P_{mr} = x_{m0} \quad \ldots \ldots \ldots \quad (24)$$

und

$$\sum_{r=1}^{2n} \nu_r P_{mr} = \dot{x}_{m0} \quad \ldots \ldots \ldots \quad (25)$$

sein muß.

Wenn äußere Kräfte wirken, so haben die Lösungen bei Anwendung der Methode des vorgehenden Abschnitts die allgemeine Form:

$$x_m = f_m(t) + \sum_{r=1}^{2n} Q_{mr} e^{\nu_r t} \quad \ldots \ldots \quad (26)$$

weil aber die Anfangswerte von x_m und $\dot{x}_m$ gleich null sind, ist

$$\sum_{r=1}^{2n} Q_{mr} = -f_m(0) \quad \ldots \ldots \ldots \quad (27)$$

und

$$\sum_{r=1}^{2n} \nu_r Q_{mr} = -\dot{f}_m(0) \quad \ldots \ldots \ldots \quad (28)$$

Wird also

$$-f_m(0) = x_{m0} \quad \ldots \ldots \ldots \quad (29)$$

$$-\dot{f}_m(0) = \dot{x}_{m0} \quad \ldots \ldots \ldots \quad (30)$$

so wird die Summe

$$\sum_{r=1}^{2n} Q_{mr} e^{\nu_r t}$$

im zweiten Glied der Gleichung (26) das gesuchte Integral. Der einfachste Ausdruck für $f(t)$, der den Bedingungsgleichungen (29) und (30) genügt, ist

$$f(t) = -x_{m0} - \dot{x}_{m0} t \quad \ldots \ldots \ldots \quad (31)$$

und wenn wir die äußeren Kräfte (die rechten Glieder der Gleichungen) so wählen, daß die partikulären Integrale (die erzwungenen Bewegungen) sind

$$-x_{m0} - \dot{x}_{m0} t$$

so ist die Lösung gefunden.

Die Kräfte können wir bestimmen, wenn wir in dem linken Gliede der homogenen Gleichungen x_m durch $-x_{m0} - \dot{x}_{m0} t$ ersetzen. Durch diese Substitution erhalten wir die gesuchten äußeren Kräfte,

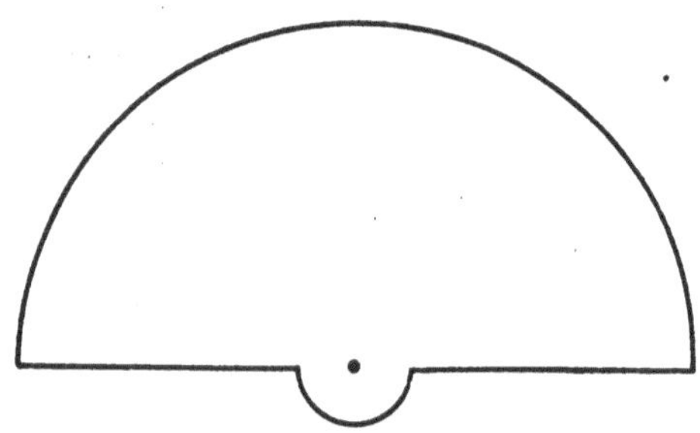

Fig. 5.

die wir nunmehr in das rechte Glied einsetzen. Die Integration erfolgt jetzt in der beschriebenen Weise, nur ist die gewöhnliche Fourierdarstellung nicht mehr für den Ausdruck $-x_{m0} - \dot{x}_{m0} t$ gültig, wie unmittelbar aus der Formel (6) folgt.

Diese Schwierigkeit können wir beseitigen, wenn wir diesen Ausdruck mit dem Faktor $e^{-\eta t}$ multiplizieren und η beliebig klein werden lassen.

Für endliche Werte von t ist dann das Resultat dasselbe. Wir können auch die Kontur der Fig. 5 betrachten, bei der um den Punkt $\alpha = 0$ ein kleiner Halbkreis an der negativimaginären Seite der reellen Achse gelegt ist.

Es ist dann

$$-x_{m0}-\dot{x}_{m0}\,t=-\frac{1}{2\pi}\int_C\left(\frac{x_{m0}}{i\alpha}+\frac{\dot{x}_{m0}}{i^2\alpha^2}\right)e^{i\alpha t}d\alpha \quad . \quad . \quad . \quad (32)$$

Nach Substitution der Ausdrücke (31) in die Gleichungen (21) gehen die linken Seiten über in

$$-\sum_{k=1}^{n}\left(b_{jk}\,\dot{x}_{k0}+c_{jk}\,x_{k0}\right)-\sum_{k=1}^{n}c_{jk}\,\dot{x}_{k0}\,t \quad . \quad . \quad . \quad . \quad . \quad (33)$$

und schreiben wir dies in kürzerer Form:

$$A_j+B_j\,t,$$

so erhalten wir das Gleichungssystem

$$\left.\begin{array}{l} a_{11}\,\ddot{x}_1+b_{11}\,\dot{x}_1+c_{11}x_1+\ldots\ldots c_{1n}\,x_n=A_1+B_1\,t \\ \vdots \\ a_{n1}\,\ddot{x}_1+b_{n1}\,\dot{x}_1+c_{n1}\,x_1+\ldots\ldots c_{nn}\,x_n=A_n+B_n\,t \end{array}\right\} \quad . \quad . \quad (34)$$

Unter Benutzung der Formel (18) finden wir

$$x_m=\frac{1}{2\pi}\int_C\left\{\sum_{k=1}^{n}\left(\frac{A_k}{i\alpha}+\frac{B_k}{i^2\alpha^2}\right)\frac{\Delta_{km}(i\alpha)}{\Delta_n(i\alpha)}\right\}e^{i\alpha t}d\alpha.$$

Diese Ausdrücke enthalten neben den gesuchten Integralen auch die zusätzlichen, der erzwungenen Bewegung entsprechenden Integrale

$$-x_{m0}-\dot{x}_{m0}\,t.$$

Die Auswertung der Integrale gibt:

$$x_m=-x_{m0}-\dot{x}_{m0}\,t+\left(\frac{A_1}{\nu_1}+\frac{B_1}{\nu_1{}^2}\right)R_{1m}(\nu_1)\,e^{\nu_1 t}+\left(\frac{A_1}{\nu_2}+\frac{B_1}{\nu_2{}^2}\right)R_{1m}(\nu_2)\,e^{\nu_2 t}+\ldots\ldots$$

$$+\left(\frac{A_2}{\nu_1}+\frac{B_2}{\nu_1{}^2}\right)R_{2m}(\nu_1)\,e^{\nu_1 t}+\ldots\ldots$$

u. s. w.

$$=-x_{m0}-\dot{x}_{m0}t+\sum_{k=1}^{n}\sum_{r=1}^{2n}\left(\frac{A_k}{\nu_r}+\frac{B_k}{\nu_r{}^2}\right)R_{kr}(\nu_r)\,e^{\nu_r t}.$$

Ersetzen wir hierin die Größen A und B durch ihre Werte (33), so erhalten wir unter Fortlassung der partikulären Integrale für die x die Ausdrücke

$$x_m=-\sum_{k=1}^{n}\sum_{r=1}^{2n}\left\{\frac{\sum\limits_{l=1}^{n}\left(b_{kl}\,\dot{x}_{l0}+c_{kl}x_{l0}\right)}{\nu_r}+\frac{\sum\limits_{l=1}^{n}c_{kl}\,\dot{x}_{l0}}{\nu_r{}^2}\right\}R_{km}(\nu_r)\,e^{\nu_r t} \quad . \quad (35)$$

Durch Kombination dieser Integrale mit den früher gefundenen Lösungen kann man das Schwingungsproblem unter allen möglichen

Bedingungen lösen. Sind mehrere gleiche Wurzeln vorhanden, so muß die Formel (14) angewandt werden.

Man kann die vorgehenden Betrachtungen leicht erweitern für den Fall, daß die Gleichungen beliebiger Ordnung sind.

Statt des partikulären Integrales

$$-x_{m0} - \dot{x}_{m0} t,$$

muß man dann nehmen

$$-x_{m0} - \dot{x}_{m0} t - \ddot{x}_{m0} t^2 \;.\;.\;.\;.\;.$$

Auch braucht es sich nicht um ein Schwingungssystem zu handeln, bei dem alle Wurzeln der Gleichung

$$\Delta_n (i\alpha) = 0$$

einen negativen reellen Teil haben, und die Koeffizienten reell sind, sondern man kann ein beliebiges System von simultanen linearen Differentialgleichungen mit einer unabhängigen Variabelen und mit konstanten Koeffizienten integrieren.

---

5. Der Integraleffekt einer gedämpften Störung.

Wie schon in der Einleitung gesagt wurde, handelt es sich bei der Berechnung der Störungsfreiheit um das Verhältnis des Störungseffektes und des Signaleffektes. Als Maß für den Effekt der Störung kann dabei die in dem zu betrachtenden Kreise verbrauchte Energie oder der Spannungseffekt dienen.

Wir haben daher die Integrale

$$\int_0^\infty \dot{x}_m^2 \, dt \quad \text{oder} \quad \int_0^\infty x_m^2 \, dt$$

zu berechnen, um den Effekt in dem m^{ten} Kreise zu finden. Diese Integrale sind Spezialfälle der allgemeineren Form

$$U = \frac{1}{4\pi^2} \int_0^\infty dt \int_{-\infty}^{+\infty} \psi(\alpha)\, e^{i\alpha t} d\alpha \int_{-\infty}^{+\infty} \varphi(\beta)\, e^{i\beta t} d\beta \quad . \; . \; . \quad (36)$$

Wenn das Funktionszeichen ψ durch φ ersetzt wird, erhält man die ersterwähnten Integrale. Es hat das Integral nur eine Bedeutung, wenn die Pole von ψ und φ oberhalb der reellen Achse liegen. Die Integration nach t zwischen 0 und T gibt:

$$\frac{1}{4\pi^2} \int_{-\infty}^{+\infty} \psi(\alpha)\, d\alpha \int_L \varphi(\beta) \frac{e^{i(\alpha+\beta)T} - 1}{i(\alpha+\beta)} d\beta \quad . \; . \; . \quad (37)$$

Hierin ist L eine Kontur, die aus einer sich oberhalb der reellen Achse erstreckenden Graden und einem Halbkreise mit unendlich großem Radius an der positiv imaginären Seite der reellen Achse besteht. Wenn die Grade so gewählt wird, daß sie unterhalb der Pole der Funktion $\varphi(\beta)$ liegt, so finden wir bei Zunahme von T in das Unendliche:

$$U = -\frac{1}{2\pi}\int_{-\infty}^{+\infty}\psi(\alpha)\,d\alpha\sum_k\frac{R(\beta_k)}{\alpha+\beta_k} = -\frac{1}{2\pi}\sum_k R(\beta_k)\int_{-\infty}^{+\infty}\frac{\psi(\alpha)}{\alpha+\beta_k}\,d\alpha \quad (38)$$

wenn $R(\beta_k)$ das Residu ist, das zu dem Pol β_k der Funktion $\varphi(\beta)$ gehört.

Nach Integration des Ausdrucks (38) wird

$$U = i\sum_k R(\beta_k)\psi(-\beta_k) \quad \ldots\ldots \quad (39)$$

bei Bildung des Integrals längs der Kontur gebildet durch die reelle Achse und einen Halbkreis darunter, oder

$$U = -i\sum_k R_\varphi(\beta_k)\sum_l\frac{R_\psi(\beta_l)}{\beta_l+\beta_k} \quad \ldots\ldots \quad (40)$$

wenn das Integral längs der reellen Achse und einem Halbkreise oberhalb dieser Achse gebildet wird.

Mit Hilfe des Ausdrucks für die Stromstärke

$$x_m = \int_C \varphi_m(\alpha)\,e^{i\alpha t}d\alpha \quad \ldots\ldots \quad (41)$$

kann man leicht die Richtigkeit der Formel (40) kontrollieren. Im allgemeinen ist Gleichung (39) aber einfacher. Der Ausdruck U ist, wenn $\psi = \varphi$, eine symmetrische Funktion der Wurzeln einer algebraischen Gleichung. Somit könnte der Wert von U berechnet werden, ohne daß die Wurzeln der Gleichung (19), d. h. die Pole der Funktion $\varphi(\alpha)$, bekannt sind.

---

6. Ein Schwingungskreis unter der Wirkung einer beliebigen äußeren Kraft.

Bis jetzt haben wir nur spezielle Formen der äußeren Kraft betrachtet. Bei den verwickelten Vorgängen in der Erdatmosphäre und den von ihnen größtenteils verursachten Störungen sind aber sicher deren Wellen, die den Empfänger treffen, nicht so einfacher Natur, wie wir sie bisher angenommen haben. Es ist sogar zweifelhaft, ob eine wirkliche Störung durch einen analytischen Ausdruck dargestellt werden kann, und ob bei dem unregelmäßigen Charakter der Störungen nicht etwa unsere bisherigen Betrachtungen ganz zwecklos waren. Wir haben bis jetzt nur mit stetigen äußeren Kräften operiert, und erhalten nun bei der notwendigen Annahme ihrer Unstetigkeit viel verwickeltere Rechnungen, weil bei jeder Unstetigkeit die Eigenschwingungen plötzlich ihre Amplitude ändern. Auch der Integraleffekt darf nun nicht mehr nach der Formel (39) berechnet werden; sie ist erst auf ihre Gültigkeit für die neuen Bedingungen gründlich zu untersuchen. Die störende Kraft selbst soll:

a) durch ein Fourierintegral darstellbar sein,
b) an einem bestimmten Zeitpunkte einsetzen, den wir als null annehmen.

In den meisten Fällen werden die in der Praxis vorkommenden Störungen unter diesen Bedingungen eintreten.

Die Beobachtung in einem Empfänger läßt unmittelbar erkennen, daß die Störungen alle diskret sind und sich als in unregelmäßigen Zeitintervallen auftretende Stöße äußern.

Wir betrachten nur einen einzigen Kreis und bekommen dann, wie schon früher, die Gleichung:

$$a\ddot{x} + b\dot{x} + cx = f(t) = \frac{1}{2\pi}\int_{-\infty}^{+\infty} \varphi(\alpha)\, e^{i\alpha t}\, d\alpha \quad . \quad . \quad . \quad (42)$$

Ein Integral dieser Gleichung ist

$$\frac{1}{2\pi a}\int_{-\infty}^{+\infty} \frac{\varphi(\alpha)\, e^{i\alpha t}\, d\alpha}{(i\alpha - \nu)(i\alpha - \nu^*)} \quad . \quad . \quad . \quad . \quad . \quad . \quad (43)$$

und es ist zu erwarten, daß es die Lösung ist mit den Anfangswerten

$$x = \dot{x} = 0.$$

Um dies zu beweisen, vergleichen wir die beiden Formeln

$$f(t) = \frac{1}{2\pi}\int_{-\infty}^{+\infty} \varphi(\alpha)\, e^{i\alpha t}\, d\alpha$$

und

$$f(t) = \frac{1}{2\pi}\int_{-\infty}^{+\infty} d\alpha \int_{0}^{\infty} f(x)\, e^{i\alpha(t-x)}\, dx.$$

Es ist offenbar

$$\varphi(\alpha) = \int_0^\infty f(x)\, e^{-i\alpha x}\, dx,$$

und wenn wir diesen Wert von $\varphi(\alpha)$ in (43) substituieren, finden wir:

$$x = \frac{1}{2\pi a}\int_{-\infty}^{+\infty} \frac{e^{i\alpha t}\, d\alpha}{(i\alpha - \nu)(i\alpha - \nu^*)} \int_0^\infty f(x)\, e^{-i\alpha x}\, dx$$

$$= \frac{1}{2\pi a}\int_0^\infty f(x)\, dx \int_{-\infty}^{+\infty} \frac{e^{i\alpha(t-x)}\, d\alpha}{(i\alpha - \nu)(i\alpha - \nu^*)} \quad . \quad . \quad . \quad . \quad . \quad (44)$$

Das Integral von $-\infty$ bis $+\infty$ in (44) kann als Konturintegral aufgefaßt werden, und es ist

$$\frac{1}{2\pi a}\int\limits_{-\infty}^{+\infty}\frac{e^{i\alpha(t-x)}\,d\alpha}{(i\alpha-\nu)(i\alpha-\nu^*)}=\frac{1}{a}\,\frac{1}{\nu-\nu^*}\left(e^{\nu(t-x)}-e^{\nu^*(t-x)}\right)$$

für $t-x>0$ und gleich null für $t-x<0$

und daher

$$x=\frac{1}{a}\,\frac{1}{\nu-\nu^*}\int\limits_0^t f(x)\left(e^{\nu(t-x)}-e^{\nu^*(t-x)}\right)dx \quad . \quad . \quad . \quad . \quad (45)$$

Die letzte Formel gibt die bekannte Lösung mit den Anfangswerten

$$x=\dot{x}=0,$$

wie man leicht durch Bildung des Differentialquotienten verifizieren kann. Ist statt einer einzigen Gleichung ein System von Differentialgleichungen gegeben, und sind die rechten Glieder von null verschieden, so kann man in ähnlicher Weise die Integrale finden. Es sei nur das erste rechte Glied von null verschieden und gleich $f(t)$; dann ist:

$$x_m=\frac{1}{2\pi}\int\limits_{-\infty}^{+\infty}\varphi(\alpha)\,\frac{\Delta_{1m}(i\alpha)}{\Delta_n(i\alpha)}\,e^{i\alpha t}\,d\alpha$$

$$=\frac{1}{2\pi}\int\limits_{-\infty}^{+\infty}\frac{\Delta_{1m}(i\alpha)}{\Delta_n(i\alpha)}\,e^{i\alpha t}\,d\alpha\int\limits_0^{\infty}f(x)^{-i\alpha x}\,dx$$

$$=\frac{1}{2\pi}\int\limits_0^{\infty}f(x)\,dx\int\limits_{-\infty}^{+\infty}\frac{\Delta_{1m}(i\alpha)}{\Delta_n(i\alpha)}\,e^{i\alpha(t-x)}\,d\alpha$$

$$=\sum_{r=1}^{2n}R_m(\nu_r)\int\limits_0^t e^{\quad(t-x)}f(x)\,dx \quad . \quad . \quad . \quad . \quad . \quad . \quad . \quad (46)$$

Die Erweiterung auf den Fall mehrerer äußeren Kräfte ist zwar einfach, aber wir wollen nur den Ausdruck (45) betrachten. Ein großer Vorzug dieser Form des gesuchten Integrales gegenüber dem nach der Methode in Abschnitt 1 gefundenen, ist, daß die Formel für eine beliebige Funktion $f(t)$ Geltung hat. Diese braucht besonders nicht in analytischer Form dargestellt zu werden und außerdem kann sie Unstetigkeitsstellen besitzen.

Dies erkennt man in der folgenden Weise. Es sei $f(t)$ an der Stelle $t = T$ unstetig und habe die Werte f_1 und f_2 links und rechts von T. Dann muß (45) ein Integral der Gleichung (42) für alle Werte von $t < T$ und $> T$ sein, während im Punkte $t = T$ die rechts und links von T gültigen Ausdrücke x_2 und x_1 stetig ineinander übergehen müssen, ebenso wie es bei $\dot{x}_2$ und $\dot{x}_1$ der Fall ist. Daß (45) zu beiden Seiten von T eine Lösung der Differentialgleichung ist, erkennt man unmittelbar durch Differenzieren und Substitution in der Gleichung. Es ist nämlich:

$$cx = \frac{c}{a(\nu - \nu^*)} \int_0^t f(x) \left(e^{\nu(t-x)} - e^{\nu^*(t-x)}\right) dx$$

$$b\dot{x} = \frac{b}{a(\nu - \nu^*)} \int_0^t f(x) \left(\nu e^{\nu(t-x)} - \nu^* e^{\nu^*(t-x)}\right) dx$$

$$a\ddot{x} = \frac{1}{\nu - \nu^*} \left\{ \int_0^t f(x) \left(\nu^2 e^{\nu(t-x)} - \nu^{*2} e^{\nu^*(t-3)}\right) dx + (\nu - \nu^*) f(t) \right\}$$

$$a\ddot{x} + b\dot{x} + cx = f(t),$$

solange $f(t)$ stetig ist. Wenn wir also annehmen, daß $f(t)$ zu beiden Seiten von T stetig ist, so ist (45) ein Integral unserer Gleichung für beliebig nahe zu T gelegene Werte von t.

Weiter ist, wenn ψ_1 und ψ_2 die Werte von

$$f(x)\left(e^{\nu(t-x)} - e^{\nu^*(t-x)}\right)$$

zu beiden Seiten der Unstetigkeitsstelle bedeuten

$$\int_{T-\varepsilon}^{T} \psi_1 \, dx + \int_{T}^{T+\varepsilon} \psi_2 \, dx \overline{\gtrless} (M + N)\,\varepsilon,$$

wenn M und N die oberen Grenzen von ψ_1 und ψ_2 in den Intervallen $T - \varepsilon$, T und T, $T + \varepsilon$ sind, also ist x stetig an der Stelle $t = T$. In derselben Weise beweist man die Stetigkeit von $\dot{x}$. Anderseits ist aus der Formel ersichtlich, daß man jede unstetige Funktion $f(t)$ ersetzen kann durch eine stetige, weil man, wegen der Stetigkeit des Integrales für x und dessen Differentialquotienten, immer dafür sorgen kann, daß die Differenz des aus der angenäherten Funktion berechneten Wertes von x mit dem wahren Werte beliebig klein ist. Das Auftreten von Unstetigkeiten ist also nicht wesentlich.

7. Bestimmung des Effektes einer beliebigen Störung.

Im 1. Abschnitt haben wir für die durch die Störung Ee^{-qt} an den Empfangskreis übertragene Energie gefunden

$$M = \frac{E^2}{2L} \frac{1}{q^2 + \omega^2} \quad . \quad . \quad . \quad . \quad . \quad . \quad . \quad (4)$$

Die Fourierdarstellung der Störung war

$$Ee^{-qt} = \frac{E}{2\pi} \int_{-\infty}^{+\infty} \frac{e^{i\alpha t} \, d\alpha}{q + i\alpha} \quad . \quad . \quad . \quad . \quad . \quad . \quad (9)$$

und wenn wir dieser Formel eine gewisse physikalische Bedeutung geben dürfen, können wir sagen, daß durch das Fourierintegral die Störung dargestellt ist als ein Spektrum von ungedämpften Wellen mit der Kreisfrequenz α und der Amplitude

$$\frac{E\,d\alpha}{\pi \sqrt{q^2 + \alpha^2}} \quad . \quad . \quad . \quad . \quad . \quad . \quad . \quad . \quad . \quad (46)$$

Bei Vergleich dieses Ausdrucks mit (4) ist es sofort klar, daß eine sehr enge Beziehung zwischen der „Spektralintensität“ der Störung bei der Frequenz ω und der an den Kreis mit der Eigenfrequez ω übertragenen Energie besteht. Es ist nämlich, wenn wir die Spektralintensität bei der Frequenz α definieren durch die Gleichung

$$A(\alpha) = \frac{E^2}{\pi^2 (q^2 + \alpha^2)},$$

$$U = \frac{\pi^2}{2L} A(\omega) \quad . \quad . \quad . \quad . \quad . \quad . \quad . \quad . \quad (47)$$

Aus der expliziten Berechnung auf Seite 2 ersehen wir, daß die Formel (47) vollkommen zutrifft, wenn die Dämpfung des Kreises sich Null nähert und bei nicht allzu großen Werten von δ die Annäherung sehr gut ist.

Voraussetzung war dabei, daß

$$\delta << q,$$

und dies dürfte im allgemeinen wenigstens bei den modernen Empfängern ohne weiteres anzunehmen sein. In entsprechender Weise können wir auch bei anderen Formen der Störungswelle vorgehen. Nehmen wir z. B. eine äußere Kraft Ee^{-qt}, die nur während der Zeit T auf unseren, als ungedämpft angenommenen Schwingungskreis wirkt. Das die Störung darstellende Fourierintegral ist:

$$\frac{E}{2\pi} \int_{-\infty}^{+\infty} \frac{\left\{1 - e^{-(q+i\alpha)T}\right\} e^{i\alpha t} \, d\alpha}{q + i\alpha},$$

die Stromstärke J ist:

$$J = \frac{E}{2\pi L} \int_{-\infty}^{+\infty} \frac{i\alpha\{1 - e^{-(q+i\alpha)T}\} e^{i\alpha t} d\alpha}{(q+i\alpha)(i\alpha-\nu)(i\alpha-\nu^*)},$$

und mit der Formel

$$U = \int_0^\infty E J d t$$

wird

$$U = \frac{E^2}{L}\left(\frac{1}{2}\frac{e^{-2qT}-1}{q^2+\omega^2} + \frac{1-e^{-qT}\cos\omega T}{q^2+\omega^2}\right).$$

Die Berechnung der Spektralintensität für die Frequenz ω ergibt

$$A(\omega) = \frac{E^2}{\pi^2}\frac{1-2e^{-qT}\cos\omega T + e^{-2qT}}{q^2+\omega^2}$$

$$= \frac{2E^2}{\pi^2}\left(\frac{1}{2}\frac{e^{-2qT}-1}{q^2+\omega^2} + \frac{1-e^{-qT}\cos\omega T}{q^2+\omega^2}\right)$$

also

$$U = \frac{\pi^2}{2L} A(\omega) \quad \ldots\ldots\ldots \quad (47)$$

vollkommen wie im ersten Falle.

Wir müssen hierzu bemerken, daß dieses Ergebnis nur dann richtig ist, wenn es sich um gedämpfte äußere Kräfte handelt, wenn man auch die Dämpfung beliebig klein wählen kann, so daß für endliche Zeiten die äußere Kraft als ungedämpft anzusehen ist. Es muß aber immer diese Bedingung erfüllt sein, daß die Dämpfung der äußeren Kraft merklich größer ist als die Dämpfung der Eigenschwingung des betrachteten Kreises. Wirkt aber eine rein periodische Kraft während einer gewissen Zeit auf den Kreis, so wird die übertragene Energie nicht mehr durch die Formel (47) dargestellt. In diesem Falle braucht man nur die erzwungene Schwingung zu berücksichtigen, wenn wenigstens die Zeitdauer T genügend groß genommen wird.

Einen besonderen Fall bekommt man, wenn $A(\omega) = 0$; man würde dann eine äußere Kraft auf den Kreis einwirken lassen, der ihm im ganzen keine Energie überträgt. Daß solche Fälle möglich sind, sieht man leicht, wenn man die äußere Kraft z. B. definiert durch die Formel

$$f(t) = \frac{E}{2\pi} \int_{-\infty}^{+\infty} \frac{(\omega-\alpha)(\omega+\alpha) e^{i\alpha t} d\alpha}{(q+i\alpha)(r+i\alpha)(s+i\alpha)} \quad \ldots\ldots \quad (48)$$

und diese einwirken läßt auf einen ungedämpften Kreis, dessen Eigenfrequenz gleich ω ist. Dann wird keine Eigenschwingung erregt, es treten nur erzwungene Schwingungen auf, und es wird, wenn q, r und s positiv sind, der Widerstand des Kreises null ist, und der Strom aperiodisch zur Null abnimmt, keine Energie verbraucht. Derartige Störungsformen sind aber nicht zu erwarten, und die Praxis hat in überzeugender Weise gezeigt, daß die Eigenschwingungen tatsächlich überwiegen.

Auf Grund der vorigen Resultate können wir annehmen, daß auch bei einer beliebiger Störung eine besondere Beziehung bestehen muß zwischen der Spektralintensität in der Nähe der Eigenschwingung des Kreises und der Energie, die von der Störung an den Kreis übertragen wird.

Um dies zu untersuchen, setzen wir

$$f(t) = \sum_{n=-\infty}^{+\infty} A_n e^{n i \omega t} \quad \ldots \ldots \quad (49)$$

und stellen $f(t)$ durch eine trigonometrische Reihe dar. Bei T als Grundperiode ist bekanntlich ω durch die Beziehung

$$\omega = \frac{2\pi}{T} \quad \ldots \ldots \ldots \quad (50)$$

mit T verknüpft, und es sind die A_n gegeben durch die Gleichungen

$$A_n = \frac{1}{T}\int_0^T f(t)\, e^{-i n \omega t} dt \quad \ldots \ldots \quad (51)$$

Wenn wir jetzt T in das Unendliche wachsen lassen und $n\omega = \frac{2\pi n}{T}$ ersetzen durch α, dann ist $\omega = \frac{2\pi}{T} = d\alpha$ und die Reihe (49) geht über in das Integral

$$\frac{1}{2\pi}\int_{-\infty}^{+\infty} e^{i\alpha t} d\alpha \int_0^{\infty} f(x)\, e^{-i\alpha x} dx \quad \ldots \ldots \quad (52)$$

Das ist aber die Integralformel (6), die wir nach Ausführung des Integrales nach x auch schreiben können als

$$\frac{1}{2\pi}\int_{-\infty}^{+\infty} \varphi(\alpha)\, e^{i\alpha t} d\alpha \quad \ldots \ldots \quad (7)$$

Es gehen somit die Koeffizienten A_n über in $\frac{1}{2\pi}\varphi(\alpha)\, d\alpha$, wenn wir T genügend groß wählen. Ferner sei eine zweite Fourierreihe gegeben mit demselben Grundgebiete T, z. B.

$$F(t) = \sum_{n=-\infty}^{+\infty} B_n e^{i n \omega t}.$$

Dann ist

$$\int_0^T f(t) F(t)\, dt = \int_0^T \sum_{-\infty}^{+\infty} A_n e^{in\omega t} \sum_{-\infty}^{+\infty} B_m e^{im\omega t} dt = T \sum_{-\infty}^{+\infty} A_n B_{-n}.$$

Ist nun weiter

$$f(t) = \frac{1}{2\pi} \int_{-\infty}^{+\infty} \varphi_1(\alpha)\, e^{i\alpha t} d\alpha,$$

$$F(t) = \frac{1}{2\pi} \int_{-\infty}^{+\infty} \varphi_2(\alpha) e^{i\alpha t} d\alpha,$$

so ist, wenn wir denselben Grenzübergang vornehmen

$$\int_0^{\infty} f(t) F(t) dt = \operatorname{Lim}_{T=\infty} T \sum_{-\infty}^{+\infty} A_n B_{-n}$$

$$= \frac{1}{2\pi} \int_{-\infty}^{+\infty} \varphi_1(\alpha)\, \varphi_2(-\alpha)\, d\alpha \quad . \quad . \quad (53)$$

Weil im allgemeinen $f(t)$ und $F(t)$ reell sind, muß sein

$$\varphi_1(\alpha) = U_1(\alpha) + i\, V_1(\alpha),$$

$$\varphi_1(-\alpha) = U_1(\alpha) - i\, V_1(\alpha),$$

und wir können dann die Formel (53) auch schreiben in der Form

$$\int_0^{\infty} f(t)\, F(t)\, dt = \frac{1}{\pi} \int_0^{\infty} \{U_1(\alpha)\, U_2(\alpha) + V_1(\alpha)\, V_2(\alpha)\}\, d\alpha \quad . \quad . \quad . \quad (54)$$

Wir betrachten jetzt wieder einen einfachen Kreis auf den die Kraft $f(t)$ zur Zeit $t = 0$ zu wirken anfängt. Die äußere Kraft stellen wir wieder durch ein Fourierintegral dar, und erhalten dann

$$LC \frac{d^2 V}{dt^2} + RC \frac{dV}{dt} + V = \frac{1}{2\pi} \int_{-\infty}^{+\infty} \varphi(\alpha)\, e^{i\alpha t} d\alpha,$$

und weil die Stromstärke J mit der Spannung V verknüpft ist durch die Beziehung

$$J = C \frac{dV}{dt},$$

$$J = \frac{1}{2\pi L} \int_{-\infty}^{+\infty} \frac{i\alpha\, \varphi(\alpha)\, e^{i\alpha t}}{(i\alpha - \nu)(i\alpha - \nu^*)}.$$

Die im Kreise verzehrte Energie ist:

$$U = R\int_0^\infty J^2 dt$$

$$= \frac{R}{\pi L^2}\int_0^\infty \frac{\alpha^2 \varphi(\alpha)\varphi(-\alpha)\,d\alpha}{(\nu^2+\alpha^2)(\nu^{*2}+\alpha^2)},$$

oder wenn

$$\varphi(\alpha) = U(\alpha) + i\,V(\alpha),$$

$$U = \frac{2\delta}{\pi L}\int_0^\infty \frac{\alpha^2\{U^2(\alpha)+V^2(\alpha)\}\,d\alpha}{\{\delta^2+(\alpha-\omega)^2\}\{\delta^2+(\alpha+\omega)^2\}} \quad . \quad . \quad . \quad (55)$$

Weil die Funktionen $U(\alpha)$ und $V(\alpha)$ ganz unbestimmt sind, kann die Integration nicht ausgeführt werden. Es ist aber

$$U(\alpha) = \int_0^\infty f(t)\cos\alpha t\,dt,$$

$$V(\alpha) = \int_0^\infty f(t)\sin\alpha t\,dt,$$

wie man ohne Mühe aus der Fourierschen Formel (6) herleiten kann, und es läßt sich beweisen, daß für unendlich große Werte von α die $U(\alpha)$ und $V(\alpha)$ unendlich klein sind von mindestens der Ordnung $\frac{1}{\alpha}$. Es ist daher das Integral (55) zweifellos konvergent. Jetzt wollen wir die Dämpfung unseres Kreises immer kleiner werden lassen. Es wird dann der Integrand in der Nähe von $\alpha = \omega$ immer größer, und es ist leicht ersichtlich, daß der Bereich der Integrationsvariabelen, der einen wesentlichen Einfluß hat auf den Wert des Integrales, immer weiter zusammen schrumpft. Wir teilen das Integrationsintervall in drei Stücke, 0 bis $\omega - \varepsilon$, $\omega - \varepsilon$ bis $\omega + \varepsilon$, $\omega + \varepsilon$ bis ∞, und lassen δ und ε beide sich Null nähern, jedoch derart, daß das Verhältnis $\frac{\varepsilon^2}{\delta}$ unendlich groß wird. Der erste Teil des Integrales (55)

$$\frac{2\delta}{L\pi}\int_0^{\omega-\varepsilon} \frac{\alpha^2(U^2(\alpha)+V^2(\alpha))\,d\alpha}{\{\delta^2+(\alpha-\omega)^2\}\{\delta^2+(\alpha+\omega)^2\}},$$

ist dann gewiß kleiner als

$$\frac{2}{\pi L}\frac{\delta}{\varepsilon^2}\,\omega M,$$

wenn M der Maximalwert der Funktion

$$\frac{\alpha^2(U^2(\alpha)+V^2(\alpha))}{\delta^2+(\alpha+\omega)^2}$$

ist.

Wenn M endlich ist, wird der erste Teil des Integrales gleich Null. Diese Bedingung ist bei einer beliebigen Störung erfüllt; im anderen Falle könnte das nur bedeuten, daß die Störung eine ungedämpfte Welle mit einer endlichen Amplitude enthält, und diesen Fall können wir als ausgeschlossen betrachten. In ähnlicher Weise kann man beweisen, daß auch das dritte Teilintegral den Wert Null hat. Dabei muß das zuvor gefundene Resultat benutzt werden, daß das Integral jedenfalls konvergent ist. Wir haben also nur noch das mittlere Teilintegral zu betrachten. Weil die Grenzen $\omega - \varepsilon$ und $\omega + \varepsilon$ beliebig nahe zueinander gebracht werden können und der Integrand in der Nähe von ω als stetig angenommen werden darf, wenn wir den Faktor, der die Differenz $\alpha - \omega$ enthält, ausschließen, können wir für dieses Integral setzen:

$$\frac{U^2(\omega) + V^2(\omega)}{2\pi L} \int_{\omega-\varepsilon}^{\omega+\varepsilon} \frac{\delta\, d\alpha}{\delta^2 + (\alpha - \omega)^2}$$

und wegen des angenommenen Verhältnisses der Größen ε und δ

$$\frac{U^2(\omega) + V^2(\omega)}{\pi L} \int_0^\infty \frac{dx}{1 + x^2} = \frac{U^2(\omega) + V^2(\omega)}{2L} \quad . \quad . \quad . \quad (56)$$

Es ist aber

$$\frac{1}{\pi^2}\left\{U^2(\omega) + V^2(\omega)\right\}$$

die früher definierte Spektralintensität des Störungsspektrums bei der Frequenz ω, und wir erhalten somit die Formel (47), die also auch gültig ist für eine beliebige Störung. In der Praxis hat natürlich die Dämpfungskonstante δ immer einen endlichen Wert, sodaß die Anwendung der Formel (56) nur zu einem angenäherten Wert der Störungsenergie führt. Die Annäherung ist aber sehr gut, solange die Dämpfung der Störung größer ist als die der Eigenschwingung des Kreises.

Das Integral (55) zeigt uns, daß im allgemeinen der Integrand in der Nähe von ω am größten ist, solange wir von der Veränderlichkeit von $U(\alpha)$ und $V(\alpha)$ absehen dürfen. Ist das nicht mehr der Fall und werden die Werte von $U(\alpha)$ und $V(\alpha)$ derartig, daß der Wert des Integrands an irgend einer Stelle vergleichbar ist mit dem in der Nähe von ω, so dürfen wir die gefundene Formel nicht mehr anwenden. Dies ist z. B. der Fall, wenn die Störung eine gedämpfte Welle ist, mit einer Dämpfung von derselben Größenordnung wie die Eigenschwingung des Empfangskreises. Aber dann kann man einen zweiten, auf dieselbe Frequenz abgestimmten, Kreis sehr lose mit dem ersten koppeln. Betrachtet man die durch den ersten Kreis in dem zweiten induzierte elektromotorische Kraft als die Störung, dann erhält der in der Nähe der Abstimmungsfrequenz liegende Teil des Spektrums eine relativ viel größere Bedeutung als in der ursprünglichen Störung, und es kann jetzt die Formel (47) wieder angewandt werden.

Die oben gefundenen Resultate bekräftigen einerseits die schon vor langer Zeit ausgesprochene Behauptung, daß die Eigenschwingungen der Empfangskreise im wesentlichen die Ursache der Schwierigkeiten darstellen, andrerseits verschaffen sie uns aber einen tiefen Einblick in das Störungsproblem der drahtlosen Nachrichtenübermittlung. In den folgenden Kapiteln werden wir erst die für die Störungsbefreiung brauchbaren Methoden im allgemeinen und sodann diese im einzelnen behandeln.

Es sei hier nur noch auf die enge Beziehung zwischen der Form der Resonanzkurve und der Störungsfreiheit eines Empfangskreises hingewiesen. Die Gleichung der Resonanzkurve eines einzigen Kreises (Energiekurve) im willkürlichen Maßstab lautet:

$$E = \frac{1}{\left\{\delta^2 + (\alpha - \omega)^2\right\}\left\{\delta^2 + (\alpha + \omega)^2\right\}}.$$

Wenn wir dies mit (55) vergleichen, so sehen wir, daß, wenn die Spektralintensität der Störungsfunktion nicht etwa in gewissen von den Resonanzbereichen abweichenden Frequenzgebieten ganz große Werte annimmt, die Störungsenergie etwa proportional ist der von der Resonanzkurve und der Abszissenachse eingeschlossenen Fläche. Die Störungsfreiheit ist somit umgekehrt proportional der Größe dieser Fläche. Diese geometrische Deutung des Integrals (55) erlaubt die Feststellung der Störungsfreiheit durch eine Aufnahme der Resonanzkurve.

Kapitel II.

Allgemeine Betrachtung des Störungsproblems.

1. Der Charakter der Störungen.

Von vornherein schien es von großer Bedeutung, den Charakter der Störungen möglichst genau kennen zu lernen, und es ist daher leicht verständlich, daß in dieser Richtung viele Versuche gemacht worden sind. Als hauptsächliche Störungsquellen kommen in Betracht die elektrischen Vorgänge, die sich in der Atmosphäre abspielen. Unter Umständen können auch anderweitig entstandene Störungen, die z. B. ihren Ursprung finden in größeren elektrischen Leitungsnetzen und dgl., eine bedeutende Rolle spielen. Im allgemeinen kann man aber letztere Art von Störungen leicht durch geeignete Wahl des Empfangsortes unschädlich machen. Anders steht es mit den atmosphärischen Störungen, die sich fast überall bemerkbar machen und namentlich in gewissen Zeiten des Jahres den Verkehr auf große Entfernungen nahezu vollständig verhindern. Bis vor kurzer Zeit wußte man von der Art dieser Störungen noch sehr wenig. Vor einigen Monaten scheint es aber den beiden Engländern Watt and Appleton[5]) gelungen zu sein, die Form solcher Störungen durch ein direktes Verfahren auf photographischem Wege festzulegen. Wir werden in dem nächsten Abschnitt hierauf zurückkommen und erst den gegenwärtigen Stand unserer Kenntnis in dieser Hinsicht dartun. Die Störungen unterscheidet man jetzt hauptsächlich je nach der Art des Geräusches, das sie in dem Telephon eines gewöhnlichen Empfängers hervorrufen, in drei Arten[6]): a) in Störungen, die ein rollendes oder kratzendes Geräusch im Telephon erzeugen; b) in solche, die einen scharfen Knall verursachen, c) in die, welche sich mit einem zischenden Geräusch bemerkbar machen, das etwa dem Kochen von Wasser ähnelt. Die beiden letzten Arten beobachtet man meistens als Begleiterscheinungen von örtlichen oder wenigstens nicht zu weit entfernt auftretenden atmosphärischen Veränderungen, und sie scheinen mit Gewittern, Schnee und Regen zusammenzuhängen. Insofern kann man ziemlich sicher die Umgebung des Empfangsortes als räumliche Quelle dieser Störungen ansehen, ohne jedoch die Form der Störungen zu kennen. Allgemein läßt sich sagen, daß die den Empfänger treffenden Störungen entweder von statischer Art oder von vagabundierenden Wellen gebildet sein müssen. Eine vagabundierende Welle entsteht natürlich immer dann, wenn in der Atmosphäre irgend eine Störung des elektrischen Gleichgewichtes eintritt, z. B. bei der Entladung einer Gewitterwolke. Diese verursacht, wie jedem Besitzer eines Empfangsapparates wohl bekannt ist, einen kurzen scharfen Knall, und so wären die Störungen der zweiten Art als Gewitterstörungen zu betrachten. Statische Störungen können entstehen, wenn die Empfangsantenne sich in einem sehr starken elektrischen Felde befindet, wie es z. B. durch hängende Gewitterwolken gebildet werden kann. Bei genügender Stärke des Feldes treten stille Entladungen auf, welche die Antenne zu Eigenschwingungen veranlassen. Auch durch elektrisch geladene Regentropfen können Ladungen oder Entladungen der Antenne eintreten. Wahrscheinlich sind die Störungen der dritten Art hauptsächlich statischen Ursprungs, denn bei ihrem Auftreten schlägt ein in die Antenne geschaltetes Gleichstrominstrument fast immer aus. Wie die Störungen der zweiten Art ihre Ursachen in Gewitterentladungen haben und von Wellen erzeugt werden, so ist das Letzte vermutlich auch der Fall bei denen der ersten Art. Ursprünglich sah man in entfernten Gewittern, später in den von der Sonne abgestoßenen elektrisch geladenen Teilchen die Ursache dieser Störungen, und gerade diese Hypothese hat vieles für sich. Wir wollen aber hier die sehr interessante Frage des Entstehens der Störungen nicht weiter verfolgen. Es liegt eine Fülle von Literatur auf diesem Gebiete vor[6]), auch steht diese Frage nicht in so engem Zusammenhange mit unserer Untersuchung, wie man meinen könnte. Wir wollen nur gleich erklären, daß sich die Ursache der Störungen nicht beseitigen läßt. Es bleibt also nur übrig, geeignete Mittel zur Verringerung ihres Effektes zu suchen und die Frage nach der Bedeutung der Wellenform dieser vagabundierenden Ströme zu beantworten, die ohne Zweifel einen sehr beträchtlichen Teil der Störungsenergie ausmachen. Die Resultate des 1. Kapitels geben uns die Mittel zur Beantwortung dieser Frage. Wir hatten nämlich gefunden, daß die Energie, die von einer beliebigen Störung an einen abgestimmten Kreis übertragen wird, von der Amplitude derjenigen Komponenten des „Spektrums“ abhängig ist, in das die Störungswelle zerlegt werden kann, deren Wellenlänge in der unmittelbaren Nähe der Eigenwellenlänge des abgestimmten Kreises liegt. Hat irgend ein Teil des Spektrums außerhalb dieses Gebietes eine viel größere Amplitude, so ist auch die Amplitude dieses Teils von wesentlichem Einfluß. Wird aber ein zweiter auf dieselbe Frequenz abgestimmter Kreis mit dem ersten gekoppelt, so wird dieser Einfluß wesentlich verringert, d. h. in unserer Frage, die genaue Kenntnis der Wellenform ist nicht von grundlegender Bedeutung. Dementsprechend besagt auch das im vorgehenden erwähnte Resultat, will man die Störung beseitigen, so sind gerade die Wellenlängen zu unterdrücken, die mit der Eigenwellenlänge des Empfängers, also mit der Wellenlänge des Signales übereinstimmen. Da man aber den Störungswellen unmittelbar nichts anhaben kann, so müßte man die Schaltungsanordnung so treffen, daß diese Wellenlängen unwirksam sind. Das bedeutet aber zu gleicher Zeit die Unterdrückung des Signales und eine derartige Formulierung des Störungsproblems, daß es niemals möglich sein wird, die Störungen vollkommen zu unterdrücken. Im übrigen hat wohl niemand mehr diese Illusion, und so wird diese Aussprache auch keinen enttäuschen.

Wir haben bei den obigen Ausführungen angenommen, daß die benutzten Empfangskreise auf das Signal abgestimmt sind und man meine nun nicht etwa, daß dann auch das Prinzip der Abstimmung aufzugeben wäre. In diesem Falle würde ja die Amplitude des ganzen Spektrums eine Rolle spielen, während bei Abstimmung nur ein sehr kleiner Teil zur Geltung kommt. Das Prinzip der Abstimmung muß daher unter allen Umständen aufrechterhalten werden, und das obige Resultat läßt ja gerade seine Bedeutung erkennen. Ganz allgemein gesprochen wird durch Erhöhung der Abstimmschärfe das wirksame Spektralgebiet verschmälert.

Im vorhergehenden haben wir das ganze Problem der Unterdrückung der Störungen, soweit diese als vagabundierende Wellen anzusehen sind, erörtert und besitzen jetzt einen geeigneten Ausgangspunkt zu einer allgemeinen Betrachtung der im Prinzip verwendbaren Methoden zur Verringerung des Effektes der Störungen. Bei Annahme einer gedämpften aperiodischen Störungswelle hatten wir in Abschnitt 1 Kapitel 1 gefunden, daß die Störungsfreiheit eines einzigen Kreises ist

$$S_1 = \frac{q^2 + \omega^2}{2\delta} T \quad \ldots\ldots\ldots \quad (5)$$

und mit Rücksicht auf das im Abschnitt 7 gefundene Resultat können wir ganz allgemein setzen

$$S_1 = \frac{T}{2\delta f(\omega)} \quad \ldots \ldots \ldots \quad (57)$$

wenn $f(\omega)$ die Intensität des in der Nähe der Frequenz ω liegenden Spektralgebietes bedeutet. Von den beiden Größen $f(\omega)$ und δ, die nach dieser Formel die Störungsfreiheit bestimmen, können wir δ ziemlich leicht ändern. Machen wir δ aber sehr klein, so ist die Formel nur gültig, wenn T sehr groß ist. Im Prinzip macht dies zwar nichts aus, wenn wir aber die praktischen Verhältnisse ins Auge fassen, so ist sofort klar, daß wir die Verringerung von δ nicht allzu weit treiben dürfen, weil dann die Zeit, in welcher der stationäre Zustand erreicht wird, zu groß ist. Es besteht praktisch eine untere Grenze für den Wert von δ, die man z. B. beim Hörempfang mittels der Schwebungsmethode sofort erkennen kann. Durch Anwendung des Rückkopplungsprinzips kann man leicht denjenigen Wert von δ einstellen, bei dem jeder Empfang dadurch unmöglich wird, daß die Signale sich gegenseitig überlappen, so daß man sie nicht mehr unterscheiden kann. Dies ist der Fall, sobald die Pause zwischen zwei aufeinander folgenden Zeichen nicht mehr genügend groß ist, um die Amplitude der Eigenschwingung nahezu bis auf Null herunterzudrücken. Der Übelstand, der mit der Verkleinerung von δ verbunden ist, nimmt noch zu, wenn die durch die Störungen erregten Eigenschwingungen auch als Töne hörbar werden und den Empfang erheblich erschweren. Dieser Übelstand wird vermieden, wenn man das Empfangssystem mit einem abgestimmten Vibrationsgalvanometer koppelt und die Schwingung registriert, aber jener Übelstand herrscht auch dann noch vor. Offenbar bedeutet die Verringerung der Dämpfung eine Verschmälerung des zur Wirkung kommenden Spektralgebietes, und es fragt sich nun, inwieweit man dies durch Kopplung von mehreren auf dieselbe Frequenz abgestimmten Kreisen erreichen kann, bei konstant gehaltener Dämpfung. Es ist klar, daß die ein wenig von der Resonanzfrequenz abweichenden Frequenzen relativ zu dieser im zweiten Kreise nicht so stark zur Geltung kommen wie im ersten, und so läßt sich eine allmähliche Verringerung des Störungseffektes gegenüber dem Signale erwarten. Im nächsten Kapitel werden wir diese Frage eingehend untersuchen. Eine zweite Methode wäre die, ω so zu wählen, daß $f(\omega)$ möglichst klein wird. Weil $f(\omega)$ die Intensität des Spektralteiles in der Umgebung der Frequenz ω darstellt, müßte man zunächst die Änderung der

Störungsintensität mit der Wellenlänge des Empfängers kennen. Bis jetzt liegen nur Messungen von Austin[7]) einerseits und Wolf[8]) anderseits vor, doch sind die Beobachtungsmethoden so verschieden, daß sich die Messungsergebnisse nicht vergleichen lassen. Austin bestimmt die Störungsintensität durch Einstellung eines Hörbarkeitsmessers in solcher Weise, daß im Mittel zehn Störungen pro Minute hörbar sind. Er findet eine Zunahme der Störungsintensität mit der Wellenlänge, die im Wellenlängenbereich von 10—18 km am größten ist. Diese Zunahme findet sich sowohl in den Morgenbeobachtungen wie in denen am Nachmittag, obwohl sich die Gebiete der stärksten Steigung nicht vollkommen decken und diese in beiden Fällen nicht gleich stark ist. Ein Nachteil der Beobachtungsmethode von Austin ist, daß sie gar nicht erkennen läßt, ob die Störungen statischer Art sind oder von vagabondierenden Wellen herrühren und daß gerade die stärksten Störungen eine überwiegende Rolle spielen. In den Morgenbeobachtungen von Wolf findet man auch eine Zunahme der Intensität mit der Wellenlänge, sie ist aber nicht so ausgeprägt wie bei Austin. In seinen Abendbeobachtungen dagegen (Austin hat keine Abendbeobachtungen veröffentlicht) ist die Störungsintensität bei 2 km größer als bei 12 km. Wolf kommt zu dem Schlusse, daß die Störungsintensität, betrachtet als Funktion der Wellenlänge des Empfängers, die nämlichen täglichen Schwankungen zeigt wie die Signalstärke bei verschiedenen Wellenlängen. Diese Beobachtung, die im übrigen schon früher gemacht worden war, findet eine ungezwungene Erklärung in dem vorher gefundenen Resultate, daß die nahe der Eigenwelle liegenden Teile des Spektrums der Störung die Störungsintensität bestimmen. Wenn man annimmt, daß ein beträchtlicher Teil der Störungen aus großen Entfernungen stammt, so werden diejenigen Spektralkomponenten, die die Intensität bestimmen, unterwegs genau dieselben Änderungen erleiden, wie eine aus demselben Ort stammende Signalwelle. In derselben Weise kann man den großen Einfluß des Sonnenauf- oder Untergangs auf den Verkehr zwischen zwei in beträchtlichen Entfernungen gelegenen Stationen wenigstens zum Teil erklären. Daß der Verlauf der Störungsintensität mit der Tageszeit nicht vollkommen dem Verlauf der Signalstärke gleich ist, wird natürlich dadurch verursacht, daß nur ein Teil der Störungen aus großen Entfernungen kommt und auf seinem Wege zum Empfangsort in der nämlichen Weise beeinflußt wird, wie die Signalwellen. Im übrigen ist das Vorhandensein der genannten Erscheinung ein Beweis, daß immerhin ein beträchtlicher

Teil der Störungen aus größeren Entfernungen stammt, denn die Intensität der statischen Störungen kann nicht in so erheblichem Maße von der Wellenlänge abhängen und bei Störungen, die nur eine kurze Strecke durchlaufen haben, ist eine merkliche Schwächung irgend eines in Betracht kommenden Teiles des Spektrums kaum zu erwarten. Bei den beiden letzten Arten von Störungen wird also die Tendenz zu beobachten sein, die genannte Erscheinung zu verdecken, und daß sie dennoch ziemlich ausgeprägt zum Ausdruck kommt, spricht sehr stark zugunsten der oben ausgesprochenen Behauptung. Den letztgenannten Störungen gegenüber könnte eine entsprechende Wahl der Sendewelle bis zu einem gewissen Grade Abhilfe bringen. Es ist letzten Endes nur darum zu tun, am Empfangsort das Verhältnis Signal-Störung über einem gewissen Minimum zu halten. Rein theoretisch betrachtet, ist hier nur ein Faktor maßgebend, d. h. die spektrale Zusammensetzung der Störungen. Weil der Einfluß hinsichtlich der Schwächung, die die Sendewelle auf dem Wege zum Empfänger erleidet, auch für die Störungen gilt, so brauchen wir nur die Wellenlänge des Empfängers derart zu bestimmen, daß $f(\omega)$ seinen minimalen Wert hat, d. h. wir müssen als Sendewelle diejenige Welle benutzen, die im Spektrum der Störungswellen am schwächsten repräsentiert ist. Im allgemeinen sind das die kurzen Wellen, und insofern hätte die Verwendung von kurzen Wellen auch bei größeren Entfernungen einen gewissen Vorzug. Bedingung dabei ist aber, daß keine Störungen sich bilden in geringen Entfernungen des Empfängers, und dies ist leider fast niemals der Fall, weshalb nur in Ausnahmefällen bei Benutzung von kurzen Wellen ein Erfolg zu erwarten ist. Es tritt noch als technische Schwierigkeit hinzu, daß sich nicht leicht in für kleine Wellenlängen gebauten Antennen sehr große Energiemengen zur Ausstrahlung bringen lassen, obwohl das Verhältnis des Nutz- zum Verlustwiderstande günstig ist. Doch scheint es nicht unmöglich, größere Antennengebilde benutzen und eine Oberwelle aussenden zu können. Soviel ich weiß, sind allerdings in dieser Richtung noch keine eingehenden Versuche gemacht worden.

Wir haben schon bemerkt, daß man auch diejenige Störungen berücksichtigen muß, die in der Nähe des Empfängers ihren Ursprung finden. In dem Spektrum dieser Störungen können die kleineren Wellenlängen natürlich ziemlich stark vertreten sein, und weil die Störungen im übrigen dieselbe Wellenform haben wie die aus größerer Entfernung stammenden, machen sie, wenn sie einen beträchtlichen Teil der gesamten Störungen ausmachen, die Benutzung einer kurzen Welle ganz unmöglich, weil die Spektralkomponenten in der Nähe der Sendewelle nicht erheblich mehr geschwächt sind als die längeren. Es beginnt dann die Schwächung, die die Sendewelle auf ihrem Weg erleidet, eine Rolle zu spielen, und die günstigste Wellenlänge verschiebt sich in Richtung der längeren Wellen. Alles in allem ist die Bestimmung der günstigsten Wellenlänge ein sehr verwickeltes Problem, und nicht diejenige Welle ist etwa zu wählen, die am Empfangsort die kräftigsten Signale erzeugt, sondern das Verhältnis Signal-Störung ist bei der Wahl zugrundezulegen. Um dies sinngemäß tun zu können, muß man, wie wir oben schon gesehen haben, zunächst die spektrale Verteilung der Störungen am Empfangsorte kennen. Man kann dazu die von Austin vorgeschlagene Methode anwenden, besser aber scheint es, die einzelnen Störungen in mehreren auf verschiedene Wellenlängen abgestimmten Empfängern zu registrieren. So erhält man eine vollkommen genügende Übersicht von dem Charakter der Störungen, während für eine gegebene Feldstärke der Sendewelle eine graphische Darstellung der Störungsfreiheit sehr zweckdienlich ist. Deren Kurven können uns zusammen mit der graphischen Darstellung der Amplitude der Sendewelle als Funktion des Abstandes und der Wellenlänge die Grundlagen für die Wahl der Sendewelle liefern. Es treten natürlich noch andere Faktoren hinzu, die wir hier nicht explizite genannt haben. So werden auch betriebsökonomische und -technische Überlegungen eine wesentliche Rolle spielen, aber wir können alle diese Faktoren aufnehmen in die Funktionsbeziehung zwischen der Feldstärke am Empfangsort und der Wellenlänge und der zu überbrückenden Entfernung.

Damit sind aber noch nicht alle Faktoren genannt, die die Störungsfreiheit beeinflussen. So haben wir bis jetzt noch nicht den Umstand beachtet, daß die Sendewelle immer aus einer bestimmten Richtung kommt im Gegensatz zu den Störungen, die aus allen Richtungen eintreffen können, und doch wurden mit dem Richtungsempfang bis jetzt wesentliche Verbesserungen erreicht. Wir werden in einem späteren Kapitel den Richtungsempfang im einzelnen behandeln, und hier nur an die Tatsache erinnern, daß man Empfänger bauen kann, die aus gewissen Richtungen gar nicht oder nur sehr schwach empfangen. Außer der Kenntnis der Intensitätsverteilung des Störungsspektrums ist es daher wichtig zu wissen, aus welchen Richtungen die Störungen kommen, und ob es von den Störungen bevorzugte Richtungen gibt. Wenn dies der Fall ist, so kann man versuchen, diese Richtungen für den Empfang auszuschalten. Dazu wurden auch in den letzten Jahren geeignete Mittel gefunden, die wir noch später besprechen werden. Jedenfalls ließe sich der Charakter der Störungsverhältnisse für jeden gewählten Empfangsort genau genug angeben, und wir sind dann imstande, die richtige Wahl der Wellenlänge zu treffen. Es ist dazu aber noch sehr viele systematische Arbeit erforderlich, die vielleicht nur durch interkontinentales Zusammenarbeiten erledigt werden kann.

---

2. Direkte Aufnahme der Störungen.

Wir haben im vorigen Abschnitt die Frage, ob die genaue Kenntnis der Wellenform der Störung sehr wichtig sei, verneinend beantwortet und gezeigt, daß es im wesentlichen auf die Kenntnis der spektralen Intensitätsverteilung der Störungswellen ankommt. Es ist daher nicht anzunehmen, daß die an sich interessante Arbeit der beiden Engländer Watt und Appleton[5]) zu einer praktisch möglichen Lösung der Störungsbeseitigung bzw. einem neuen Verfahren zwecks Unterdrückung der atmosphärischen Störungen führen wird, wie von vielen Technikern angenommen wurde. Aber die Arbeit ist doch zu wichtig, um sie hier unerwähnt zu lassen. Die Störungen wurden mit einer aperiodischen Antenne aufgefangen und mittels einer Braunschen Röhre photographisch registriert. Es ergab sich, daß die Zeitdauer etwa zwischen 0,05 und 0,0001 sec. schwankt und ein beträchtlicher Teil einen ungefähren periodischen Charakter zeigt. Im Anfang der Störung ist die Periode im allgemeinen größer als am Ende, so daß es sich nicht um einfache gedämpfte Wellen handelt. Vom gewissen Interesse sind die Bedingungen, die erfüllt sein müssen, um wenigstens annähernd die richtige Form der Störungswelle registrieren zu können. Mathematisch handelt es sich um den Fall einer Differentialgleichung mit unbekanntem zweiten Gliede, deren Integral bekannt ist und deren zweites Glied gesucht wird. Schreiben wir das zweite Glied als Fourierintegral, so erhalten wir die Gleichung

$$LC\ddot{V} + RC\dot{V} + V = \int_{-\infty}^{+\infty} \varphi(\alpha)\, e^{i\alpha t},$$

deren Integral

$$V = \frac{1}{LC} \int_{-\infty}^{+\infty} \frac{\varphi(\alpha)\, e^{i\alpha t}\, d\alpha}{(i\alpha - \nu)(i\alpha - \nu^*)} \quad . \; . \; . \; . \; . \quad (58)$$

oder

$$J = \frac{1}{L} \int_{-\infty}^{+\infty} \frac{i\alpha\, \varphi(\alpha)\, e^{i\alpha t}\, d\alpha}{(i\alpha - \nu)(i\alpha - \nu^*)} \quad . \; . \; . \; . \; . \quad (58')$$

gegeben ist. Wir wollen hier das mathematische Problem nicht lösen, sondern nur angeben, unter welchen Bedingungen die aufgenommene Kurve von J oder V mit dem zweiten Gliede indentifiziert werden darf. Nehmen wir V und betrachten das Integral (58), so stimmt (58) hauptsächlich mit $f(t)$ überein, wenn ν und ν^* so gewählt werden, daß der Ausdruck

$$(i\alpha-\nu)(i\alpha-\nu^*)=\{i(\alpha-\omega)+\delta\}\{i(\alpha+\omega)+\delta\}$$

den Wert des Integrales nicht wesentlich beeinflußt. Dies kann nur der Fall sein, wenn das Verhältnis

$$\frac{\alpha-\omega}{\delta}$$

einerseits, und

$$\frac{\alpha+\omega}{\delta}$$

andrerseits für alle Werte von α, die den Wert des Integrales merklich beeinflussen, gegen eins vernachlässigt werden darf, oder wenn ω größer als alle Werte von α ist, die den Wert des Integrales bestimmen. In diesem Falle darf aber δ nicht klein sein, denn sonst würde eine Eigenschwingung mit zwar sehr hoher Frequenz, aber geringer Dämpfung existieren, und dadurch könnte unter Umständen das Bild der Störung erheblich gefälscht werden. Ist nämlich α nahezu gleich ω, so kann die Funktion hinter dem Integrationszeichen sehr große Werte annehmen, wenn δ gering ist und damit der entsprechende Teil des Integrales nur bedingungsweise vernachlässigt werden darf.

Nur wenn

$$\frac{\varphi(\omega)}{\delta(2i\omega+\delta)}$$

gering ist gegen die Werte von

$$\frac{\varphi(\alpha)}{\{i(\alpha-\omega)+\delta\}\{i(\alpha+\omega)+\delta\}}$$

im Gebiete von α, das den Wert des Integrales bestimmt, trifft die gemachte Annahme zu.

Solange es sich um ganz unbekannte Störungsfunktionen handelt, ist kein richtiges Urteil über den wichtigsten Bereich von α möglich, und man muß zunächst einen ziemlich willkürlichen Wert von δ und gegebenenfalls auch von ω wählen. Sobald aber die weitere Vergrößerung von δ keinen Einfluß mehr hat auf die Form der registrierten Kurven, dürfen diese mit den Störungen identifiziert werden. Es wären daher gleichzeitige Beobachtungen mit zwei Antennen und verschiedenen δ

nötig, um die aufgenommenen Kurven miteinander zu vergleichen. Zu beachten ist, daß auch noch die Eigenschwingungen des Empfängers in den aufgenommenen Kurven enthalten sind.

Ferner muß das Integral

$$\int_0^\infty J dt$$

gleich null sein, weil nach Ablauf der Störung die Antenne wiederum ungeladen sein muß, soweit es sich nicht handelt um statische Störungen. Es muß dies in der aufgenommenen Kurve natürlich zum Ausdruck kommen, und so wird das Bild der Störung gefälscht. Diese Fälschung kommt aber nur zur Geltung für sehr kleine Werte von t; sobald man die reellen Teile von ν und ν^* genügend groß wählt, zeigt die aufgenommene Kurve mit Ausnahme einer sehr kurzen Anlaufperiode eine genügende Annäherung der Störungswelle.

Praktisch genügt es, wenn die Empfangsantenne so eingerichtet wird, daß der für die drahtlose Telegraphie in Betracht kommende Wellenbereich mit gleichmäßiger Stärke empfangen wird.

Dazu muß bei Aufnahme von V

$$\omega^2 LC << 1, \quad \omega RC << 1,$$

und bei Aufnahme von J

$$\omega L << R, \quad \frac{1}{\omega C} << R,$$

für den betreffenden Bereich von ω.

---

3. Antennen mit verschiedener Störungsfreiheit.

Vor einigen Jahren identifizierte der Amerikaner Hoyt Taylor[9]) die Lösung des Störungsproblems mit dem Auffinden von zwei Antennen mit verschiedener Störungsfreiheit, ohne dabei die Bedingung zu erwähnen, daß die Eigenschwingung der beiden Antennen die gleiche sein muß. Man könnte nämlich dann leicht wirksame Kompensationsschaltungen finden. Zudem gibt es keine zwei Antennen, die diesen Bedingungen genügen, sie wären nur zu finden, wenn man die Richtungseigenschaften berücksichtigt. Abraham fand wohl auf rechnerischem Wege einen Unterschied zwischen der Störungsfreiheit einer Antenne und eines Rahmens, die nicht mit den Richtungseigenschaften zusammenhängt, aber bei einer näheren Betrachtung ergibt sich, daß er bei der Aufstellung der Bedingungen seines Problems übersehen hat, daß die Annahme einer plötzlich mit voller Amplitude einsetzenden äußeren Kraft einen wesentlichen Einfluß hat auf das Endergebnis hat. Abraham[10]) setzt nämlich eine zur Zeit $t=0$ einsetzende aperiodische gedämpfte Welle voraus und berechnet die Störungsfreiheit wie folgt. Es sei eine offene Antenne und ein Rahmen gegeben, die genau dieselben elektrischen Konstanten haben. Wenn die Störung die Form e^{-qt} hat, ist die elektromotorische Kraft bei der Antenne, die eine wirksame Höhe h hat, gleich

$$E_A = h e^{-qt},$$

während beim Rahmen mit der Oberfläche O die elektromotorische Kraft ist

$$E_R = -\frac{qO}{c} e^{-qt},$$

wenn c die Fortpflanzungsgeschwindigkeit bedeutet. Weil im übrigen die Kreise gleich sind, verhält sich die Störungsenergie in der Antenne zu der im Rahmen wie

$$\frac{E^2{}_A}{E^2{}_R} = \frac{h^2 c^2}{q^2 O^2}.$$

Bei einem Signale mit der Kreisfrequenz ω ist das Verhältnis

$$\frac{E^2{}_A}{E^2{}_R} = \frac{h^2 c^2}{\omega^2 O^2},$$

und daher dasjenige der Störungsfreiheiten S_A und S_R:

$$\frac{S_A}{S_R} = \frac{q^2}{\omega^2}.$$

Dieses Resultat widerspricht aber dem allgemeinen, von uns gefundenen Resultate, daß die Störungsenergie nur durch das in der Nähe der Eigenwelle liegende Spektralgebiet bestimmt ist, und so trifft das Abrahamsche Resultat nicht zu. Die Differentialgleichungen für die Spannungen v und v' in der Antenne und im Rahmen sind, wenn $f(t)$ die Störungswelle ist

$$\ddot{v} + 2\delta\dot{v} + \omega^2 v = f(t)$$
$$\ddot{v}' + 2\delta\dot{v}' + \omega^2 v' = \dot{f}(t).$$

Die auf den Rahmen wirkende elektromotorische Kraft findet man durch Berechnung des Linienintegrales der elektrischen Feldstärke längs dem Umfang, also bei einem in der xoz-Ebene liegenden Windung von rechteckiger Form mit den Seiten parallel der z und x Achse, mit der Höhe h und der Länge l, wenn die Welle von der Seite der negativen x einfällt und also die Form

$$E_z = f\left(t - \frac{x}{c}\right)$$

hat,

$$h E_z(t) - h E_z\left(t - \frac{l}{c}\right) = \frac{h l}{c} \frac{\partial f}{\partial t},$$

wenn l genügend klein ist. Die Konstante $\frac{hl}{c}$ lassen wir aber einfachhalber fort.

Die Lösungen sind

$$v = \varphi(t) + A e^{\nu t} + B e^{\nu^* t}$$
$$v' = \dot{\varphi}(t) + A' e^{\nu t} + B' e^{\nu^* t},$$

und die Anfangsbedingungen

$$v(0) = \varphi(0) + A + B \quad = 0$$
$$\dot{v}(0) = \dot{\varphi}(0) + \nu A + \nu^* B = 0$$

und

$$v'(0) = \dot{\varphi}(0) + A' + B' \quad = 0$$
$$\dot{v}'(0) = \ddot{\varphi}(0) + \nu A' + \nu^* B' = 0.$$

Daher

$$A = \frac{\nu^* \varphi(0) - \dot{\varphi}(0)}{\nu - \nu^*}$$
$$B = \frac{\nu \varphi(0) - \dot{\varphi}(0)}{\nu^* - \nu}$$

und

$$A' = \frac{\nu^* \dot{\varphi}(0) - \ddot{\varphi}(0)}{\nu - \nu^*}$$
$$B' = \frac{\nu \dot{\varphi}(0) - \ddot{\varphi}(0)}{\nu^* - \nu}.$$

Weil aber

$$\ddot{\varphi}(t) + 2\delta \dot{\varphi}(t) + \omega^2 \varphi(t) = f(t),$$

ist

$$\ddot{\varphi}(0) = f(0) - \omega^2 \varphi(0) - 2\delta \dot{\varphi}(0),$$

also

$$A' = \frac{\nu^* \dot{\varphi}(0) - f(0) + \omega^2 \varphi(0) + 2\delta \dot{\varphi}(0)}{\nu - \nu^*}$$
$$= \frac{\nu^* \dot{\varphi}(0) - \nu^{*2} \varphi(0) - f(0) - 2\delta \nu^* \varphi(0) + 2\delta \dot{\varphi}(0) - \delta^2 \varphi(0)}{\nu - \nu^*}.$$

Wenn also $f(0) = 0$, d. h. wenn die Anfangsamplitude der Störungswelle null ist, wird angenähert

$$A' = \nu \frac{\nu^* \varphi(0) - \dot{\varphi}(0)}{\nu - \nu^*} = \nu A,$$

d. h. die Amplituden der Eigenschwingung stehen in nahezu demselben Verhältnis wie die Amplituden des Signales, auf das die beiden Gebilde abgestimmt sind. Die Störungsfreiheit des Rahmens ist also dieselbe wie diejenige der offenen Antenne. Selbst wenn die Anfangsamplitude der störenden Welle nicht null ist, wird doch die auf den Rahmen wirkende elektromotorische Kraft im Anfang gleich null, weil das Vorderende der Welle ihn zuerst trifft, und diese dann allmählich über den Rahmen hinweg zieht. Gerade dieser Umstand wurde in der Abrahamschen Rechnung vernachlässigt. Es ist aber anzunehmen, daß auch bei einer Welle mit unstetigem Vorderende die Störungsfreiheit des Rahmens nicht wesentlich von derjenigen der offenen Antenne verschieden ist. Für den Fall eines sehr langen Rahmens mit nur einer Windung gilt die bekannte Telegraphengleichung.

Wir werden später bei der Theorie des Richtungsempfanges noch auf diese letzte Frage zurückkommen. Im allgemeinen können wir aber schon jetzt sagen, daß es keine zwei Antennen gibt, die bei gleicher Eigenschwingung eine verschiedene Störungsfreiheit haben, sofern ihre Richtungseigenschaften nicht berücksichtigt werden. Dies war auf Grund der früher gewonnenen Ergebnisse zu erwarten. Durch unsere Betrachtung einer offenen Antenne und eines Rahmens wird die Gültigkeit dieses Resultates etwa nicht eingeschränkt, denn jede Empfangsantenne ist ja als eine Kombination einer offenen Antenne und eines Rahmens aufzufassen, und nach der Maxwellschen Theorie können im wesentlichen keine Unterschiede bestehen zwischen einem Rahmen und einer offenen Antenne, da in beiden Fällen die induzierte elektromotorische Kraft als das Linienintegral der elektrischen Feldstärke längs der leitenden Strombahn berechnet wird.

Bevor wir aber zu einer näheren Besprechung der verschiedenen bis jetzt vorgeschlagenen Methoden übergehen, müssen wir noch die Erdantenne erwähnen. Wir haben bis jetzt vorausgesetzt, daß die beiden Antennen sich in demselben Medium befinden, und doch versuchte man gerade in den letzten Jahren die Störungsfreiheit dadurch zu verbessern, daß eine der Antennen in ein leitendes Medium verlegt wurde. Angeblich erzielte man auf diese Weise überraschende Erfolge. Auf Grund des Abschnittes 7 des 1. Kapitels ist in bezug auf diejenige Störungen, die sich als Wellen längs der Erdoberfläche fortpflanzen, kaum eine wesentliche Verbesserung der Störungsfreiheit zu erwarten. Eine nähere Untersuchung zeigt, daß irgend welche mit den bisherigen Mitteln erzielte große Verbesserungen ihren Grund zum größten Teil in der Richtwirkung finden und in dem Umstande, daß durch Verlegung in der Erde die statischen Felder abgeschirmt werden. In den Vereinigten Staaten von Nord Amerika erprobte man besonders eine große Zahl dieser Systeme und gab sich im Jahre 1918[11]) viel Mühe, sie weiter zu vervollkommnen. Nach einer Mitteilung von Austin[12]) sind aber die Erfolge im Anfang sehr überschätzt und im Sommer 1922 nur 23 % der Signale der europäischen Großstationen einwandfrei empfangen worden. Dies bedeutet aber, daß erst bei achtmaliger Wiederholung jedes Telegramms 90% der Zeichen und bei zehnmaliger Wiederholung 95 % aufgenommen wurden. Diese Erfolge zeigen, wie wenig man noch von einem zuverlässigen Verkehrsmittel sprechen darf und welche wichtige Aufgabe hier noch zu lösen ist.

---

4. Experimentelle Untersuchung der Störungsverhältnisse.

Die Güte einer radiotelegraphischen Verbindung wird meist gemessen durch den Prozentsatz der ohne Verstümmelung durch Störungen übermittelten Wörter oder Buchstaben, und die durch größere Störungsfreiheit bedingte Verbesserung wird dann zum Ausdruck kommen als eine Vergrößerung dieses Prozentsatzes.

Eine sehr wichtige Frage ist, welche Verbesserung in der Lesbarkeit der Signale erreicht werden kann durch Vergrößerung der Störungsfreiheit oder durch Vergrößerung der Sendeenergie, was innerhalb gewisser Grenzen auf dasselbe hinausläuft. Diese Frage läßt sich nur durch experimentelle Untersuchung am Empfangsorte selbst beantworten, und man könnte dazu beispielsweise in der folgenden Weise vorgehen. Die Feldstärke des Senders wird verglichen mit der Feldstärke eines auf dieselbe Frequenz abgestimmten kleinen, in der Nähe des Empfangsortes angeordneten Hilfssenders und die Stromstärke in der Antenne des Hilfssenders gemessen. Durch allmähliche Vergrößerung der Energie des Hilfssenders kann man dann auf experimentellem Wege die gesuchte Beziehung zwischen der Sendeenergie und die Güte der Verbindung feststellen. Soweit es sich um eine neu zu gründende Verbindung handelt, muß man die Signale eines in der Nähe des Sendeortes schon existierenden Senders messen und daraus auf die erforderliche Sendeenergie schließen. Wenn ein solcher Sender nicht zu finden ist, bleibt wohl nichts anderes übrig als mit Hilfe der bis jetzt vorliegenden Messungen die zu erwartende Feldstärke des Senders abzuschätzen. Die zuverlässigsten Resultate scheint die bekannte empirische Formel von Austin zu geben, jedoch ist ihre Gültigkeit für Abstände von 10000 km zweifelhaft und ist wenigstens keineswegs bewiesen. Die Herstellung einer radiotelegraphischen Verbindung für derartige Entfernungen bleibt daher unter diesen Bedingungen ein Experiment, über dessen Erfolg wegen des unbekannten Einflusses der Fortpflanzungsstrecke und wegen des stark verschiedenen Charakters der Störungsverhältnisse an verschiedenen Stellen des Erdbodens sich so gut wie nichts voraussagen läßt.

Auch die genaue Kenntnis der Störungsverhältnisse am Empfangsort allein nützt natürlich noch nichts, solange man die mittels einer bestimmten Antennenanordnung und bestimmten Energie erreichbare Feldstärke nicht kennt. Die Probleme der Fortpflanzung und der atmosphärischen Störungen sind daher aufs engste verbunden, und nur wenn die diesbezüglichen praktischen Untersuchungen Hand in Hand gehen, ist eine vollständige Lösung des Problems der drahtlosen Nachrichtenübermittlung möglich.

Soweit die jetzigen Beobachtungsresultate eine Schlußfolgerung gestatten, wird die Steigerung der Sendeenergie allein wahrscheinlich nicht zu einer vollständig befriedigenden Lösung des Problems führen. Wenn auch die in den letzten Jahren erreichten Resultate dahin zu weisen scheinen, daß eine Verdoppelung der Energie eine sehr bedeutende Verbesserung bringen kann, so ist doch zweifelhaft, ob aus diesen Gründen dazu übergegangen werden muß.

Vergrößerung der Sendeenergie ist mit sehr bedeutenden ökonomischen Schwierigkeiten verbunden, und es ist vorzuziehen, zunächst in jedem besonderen Falle die Störungsverhältnisse näher zu untersuchen.

Auf diesem Gebiete hat Austin sich besonders verdient gemacht, indem er seit einigen Jahren regelmäßig Beobachtungsresultate veröffentlicht über das Verhältnis Signalstärke-Störungen beim Empfang der europäischen Großstationen in Amerika. Jedoch sind seine Beobachtungsmethoden nicht derart, daß man daraus eine vollständige Übersicht der Störungserscheinungen ableiten kann. Es steht aber durch seine und andere Untersuchungen fest, daß die Störungen in den meisten Fällen nicht gleichmäßig aus allen Richtungen eintreffen, sondern daß aus gewissen Richtungen mehr Störungen kommen als aus anderen. Weiter kann man sich bei der Richtungsbestimmung der Störung auf die Bestimmung des Azimuths beschränken, weil, wie auch von vornherein wahrscheinlich war, die elektrische Kraft der Störungwellen nahezu senkrecht zur Erdoberfläche steht, gerade wie bei den Signalwellen.

Zu einer vollständigen Kenntnis der Störungsverhältnisse würde man aber wissen müssen, soweit die durch statische Erscheinungen verursachten Störungen außer Betracht gelassen werden:

1. in welcher Weise sind die Störungen über die verschiedenen Richtungen verteilt?
2. welche ist die spektrale Zusammensetzung der einzelnen Störungen?
3. nach welchem Gesetze ist die Energie über die einzelnen Störungen verteilt?

Am besten würde es sein, wenn man von den einzelnen Störungen die Richtung, spektrale Zusammensetzung und die Energie kennte. Die dazu erforderlichen Messungen würden aber äußerst schwierig und zeitraubend sein, und es ist zum mindesten fraglich, ob derartige „miskroskopische“ Beobachtungen Sinn hätten. Zweifellos würde man dann in der Lage sein, für jede Wellenlänge die erforderliche Feldstärke anzugeben und die Empfangssysteme in der richtigen Weise einzurichten, aber es ist noch keineswegs sicher, daß die Störungserscheinungen durch von Jahr zu Jahr unveränderliche Gesetze beherrscht werden. Dagegen steht fest, daß im allgemeinen die Störungsverhältnisse sich im Laufe des Tages ändern, sodaß man entweder mehrere Empfangssysteme benutzen oder irgend ein Kompromiß schließen müßte.

Um eine vorläufige orientierende Übersicht zu erhalten, würde es sich empfehlen, die Störungen zu registrieren in einem aus einer Kombination einer vertikalen Antenne und eines Rahmens bestehenden Empfänger, wobei man den Rahmen langsam drehen läßt. Wenn sich dann ergibt, daß die so erhaltene Verteilung der Störungen nach den Richtungen für alle in Betracht kommenden Abstimmungen des Empfängers dieselbe ist, so kann man versuchen, die Hauptrichtungen der Störungen auszuschalten, insoweit sie nicht mit der Empfangsrichtung zusammen fallen, und im übrigen die Richtwirkung des Empfangsgebildes so groß wie möglich machen. Die Bestimmung der günstigsten Wellenlänge ist dann nicht allzuschwer. Wenn dagegen die Verhältnisse sich mit der Wellenlänge des Empfängers erheblich ändern, so ist eine weitere ins einzelne gehende Untersuchung zu empfehlen.

Es hat keinen Zweck, hier weitere Betrachtungen darüber anzustellen, aber es wird klar sein, daß erst die Resultate von genauen Messungen, die besonders auch die Störungen berücksichtigen, deren Energie nur wenig über den Wert liegt, wobei der Verkehr unterbunden wird, uns instand setzen werden, zu beurteilen, in welcher Richtung die Weiterentwicklung des Radioverkehrs über sehr große Entfernungen gesucht werden muß.

Es wird natürlich nie gelingen, auch die allerstärksten Störungen unschädlich zu machen und daher wird immer die Anwendung von Begrenzern große Vorteile bringen, besonders auch weil dadurch die Zeitdauer der Störungen, die zum Teil durch die erregten Eigenschwingungen bestimmt ist, verringert wird.

Kapitel III.

Die Störungsfreiheit von gekoppelten Systemen.

1. Gekoppelte Systeme im allgemeinen.

Die ersten Versuche, um Mittel zur Beseitigung der Störungen zu finden, erfolgten fast ausnahmslos in der Ansicht, daß eine erhebliche Verbesserung von der Zusammenschaltung von zwei Kreisen zu erwarten sei, die in ungefähr derselben Weise auf die Störungen reagieren, sich aber in bezug auf die Signale in ganz verschiedener Weise verhalten. Die üblichste Anordnung ist wohl die, zwei Kreise zusammenzuschalten, von denen der eine auf die Frequenz des Signales, der andere aber auf eine abweichende Frequenz abgestimmt ist. Die Stärke der Störungen ist dann in beiden Kreisen nahezu dieselbe, die Signalstärke aber sehr verschieden. Die beiden Kreise werden mit einem dritten Kreise entgegengesetzt gekoppelt und die Störungen sollen sich dabei gegenseitig ausgleichen, so daß nur das Signal übrig bleibt. Diese Anordnungen und viele andere haben aber nicht den Erfolg gehabt, den man erwartet hatte. Erst im Jahre 1918 kam man in Amerika auf Schaltungsordnungen, mit denen bedeutende Verbesserungen erreicht worden sind. Bei der Besprechung des Richtungsempfangs werden wir darauf zurückkommen und jetzt erst die Ursache des Mißerfolges der älteren Methoden feststellen.

Betrachten wir zunächst ein ganz beliebiges System von gekoppelten Kreisen, wie es z. B. durch das Gleichungssystem (15) repräsentiert wird. Die Stromstärke i_m im m^{ten} Kreise ist, wenn wir eine aperiodische gedämpfte Störung Ee^{-qt} annehmen:

$$i_m = \frac{E}{2\pi}\int\limits_{-\infty}^{+\infty} \frac{i\alpha \Delta_{1m}(i\alpha)}{\Delta_n(i\alpha)} \frac{e^{i\alpha t} d\alpha}{i\alpha + q} \quad \ldots\ldots \quad (59)$$

$\Delta_{1m}(i\alpha)$ und $\Delta_m(i\alpha)$ sind Polynome mit reellen Koeffizienten und läßt sich i_m darstellen in der Form:

$$i_m = \frac{E}{2\pi}\int\limits_{-\infty}^{+\infty} \frac{i\alpha(i\alpha-\mu_1)(i\alpha-\mu_1{}^*)\ldots\ldots(i\alpha-\mu^*{}_{n-1})\,e^{i\alpha t}d\alpha}{(i\alpha-\nu_1)(i\alpha-\nu_1{}^*)\ldots\ldots(i\alpha-\nu_n{}^*)\,(i\alpha+q)} \quad (60)$$

in der Annahme, daß alle Kreise Selbstinduktion, Kapazität und Widerstand besitzen und ein konstanter Faktor wegfällt.

Für ein Signal mit der Frequenz ω ist

$$i_m = E\frac{i\omega(i\omega - \mu_1)\ldots\ldots(i\omega - \mu^*_{n-1})e^{i\omega t}}{(i\omega - \nu_1)(i\omega - \nu_1^*)\ldots\ldots(i\omega - \nu_n^*)} \quad . \quad . \quad (61)$$

Weil immer beim Empfang von Signalen der Empfänger abgestimmt, d. h. eine der Eigenfrequenzen ν möglichst genau mit der Signalfrequenz übereingestimmt wird, können wir den imaginären Teil von einem der ν gleich $i\omega$ setzen, so daß

$$i_m = E\frac{i\omega(i\omega - \mu_1)\ldots\ldots}{\delta_1(i\omega - \nu_1^*)(i\omega - \nu_2)\ldots\ldots}e^{i\omega t} \quad . \quad . \quad . \quad (62)$$

$$= \frac{E}{2\delta_1}\varphi(i\omega)e^{i\omega t}$$

und wenn das Signal die Form

$$E\cos\omega t = \frac{E}{2}(e^{i\omega t} + e^{-i\omega t})$$

hat,

$$i_m = \frac{E}{4\delta_1}\{\varphi(i\omega)e^{i\omega t} + \varphi(-i\omega)e^{-i\omega t}\} \quad . \quad . \quad . \quad (63)$$

Die zu der Signalfrequenz gehörige Eigenschwingung ν_1, ν_1^* wird

$$\frac{E}{2}\left(\varphi(\nu_1)\frac{e^{\nu_1 t}}{q+\nu_1} + \varphi(\nu_1^*)\frac{e^{\nu_1^* t}}{q+\nu_1^*}\right) \quad . \quad . \quad . \quad . \quad (64)$$

und das Verhältnis der Amplitude des Signales zu der zugehörigen Eigenschwingung ist

$$\frac{|\varphi(i\omega)|}{|\varphi(\nu_1)|}\,\frac{|q+\nu_1|}{2\delta_1} \quad . \quad . \quad . \quad . \quad . \quad . \quad . \quad . \quad (65)$$

Hieraus ergibt sich wieder der große Einfluß der Dämpfung, er ist genau derselbe wie beim einfachen Kreis.

Der Faktor $\frac{\varphi(i\omega)}{\varphi(\nu_1)}$ stellt den Einfluß der Schaltungsanordnung dar und soll eine Verbesserung erreicht werden, so muß

$$|\varphi(i\omega)| > |\varphi(\nu_1)|.$$

Wenn die Dämpfung der Eigenschwingungen klein ist, können aber $\varphi(i\omega)$ und $\varphi(\nu_1)$ nicht sehr verschiedene Moduli haben, wie ohne weiteres aus den Ausdrücken (60) und (61) hervorgeht.

Sind aber die Dämpfungen nicht sehr klein, so können wir einen weiteren schwachgedämpften Kreis, der auf eine der Kopplungsfrequenzen abgestimmt ist, sehr lose mit dem gekoppelten Systeme koppeln und es ist dann $|\varphi(i\omega)|$ nahezu gleich $|\varphi(\nu)|$. Wir können also sagen, daß das Verhältnis der Amplitude des

Signales zu der Amplitude der zugehörigen Eigenschwingung praktisch unabhängig ist von der verwendeten Schaltung. Liegen aber die Kopplungsfrequenzen ziemlich weit auseinander, so werden wieder die nicht mit der Frequenz des lose gekoppelten Kreises übereinstimmenden Frequenzen wenig Einfluß haben. Die Störungsfreiheit ist also im wesentlichen von der Eigenschwingung abhängig, auf die der lose gekoppelte Kreis abgestimmt ist. Sobald die Frequenzen sehr nahe zueinanderliegen, die Dämpfungen dagegen sehr verschieden sind, bestimmt die Schwingung mit der kleinsten Dämpfung die Störungsfreiheit im letzten Kreise. Verbesserungen der Störungsfreiheit sind daher nur dann möglich, wenn die Eigenfrequenzen des Systemes nahe zueinanderliegen und außerdem keine großen Unterschiede in den Dämpfungen vorhanden sind. Diesen Fall werden wir in den nächsten Abschnitten eingehend untersuchen. Weil sich das gestellte Problem nicht unmittelbar ganz allgemein behandeln läßt, untersuchen wir zunächst die Verhältnisse beim gekoppelten, aus zwei Kreisen bestehenden Empfänger. Dabei wird sich ein Anhaltungspunkt ergeben, um die Besprechung auf den Fall von n gekoppelten Kreisen zu erweitern.

---

2. Die Störungsfreiheit des aus zwei gekoppelten Kreisen bestehenden Empfängers.

Die Theorie des gekoppelten Empfängers für ungedämpfte Wellen wird nahezu in allen größeren Lehrbüchern, soweit sie nicht ganz elementar gehalten sind, ziemlich vollständig behandelt, und über das Verhalten von zwei beliebigen miteinander gekoppelten Kreisen erscheinen fast jedes Jahr neue Veröffentlichungen. Für die Beantwortung einer speziellen Frage ist es daher oft leichter, die nötigen Rechnungen von Anfang an selbst auszuführen, als in der bis jetzt veröffentlichten umfangreichen Literatur danach zu suchen. Zudem ist unser Fall nicht im besonderen berücksichtigt, und wir werden daher das im Kapitel I ausgeführte Verfahren zur Berechnung der Störungsfreiheit des gekoppelten Empfängers benutzen.

Sind die Selbstinduktion, Kapazität und Widerstand der beiden Kreise L_1, C_1, R_1 resp. L_2, C_2, R_2, so sind bei magnetischer Kopplung die Differentialgleichungen für die Spannungen v_1 und v_2

$$\left.\begin{aligned} L_1 C_1 \frac{d^2 v_1}{d t^2} + R_1 C_1 \frac{d v_1}{d t} + v_1 + M C_2 \frac{d^2 v_2}{d t^2} &= E e^{-q t} \\ L_2 C_2 \frac{d^2 v_2}{d t^2} + R_2 C_2 \frac{d v_2}{d t} + v_2 + M C_1 \frac{d^2 v_1}{d t^2} &= 0 \end{aligned}\right\} \quad . \quad (66)$$

und daher, wenn ν_1, ν_1^*, ν_2 und ν_2^* die Wurzeln der entsprechend (19) gebildeten Gleichung

$$\Delta(i\alpha) = 0$$

sind, ist:

$$v_2 = \frac{E M}{2\pi L_1 L_2 C_2} \int_{-\infty}^{+\infty} \frac{\alpha^2 e^{i\alpha t} d\alpha}{(i\alpha - \nu_1)(i\alpha - \nu_1^*)(i\alpha - \nu_2)(i\alpha - \nu_2^*)(q + i\alpha)} \quad (67)$$

und wenn wir setzen

$$\frac{M^2}{L_1 L_2} = k^2 \quad . \quad . \quad . \quad . \quad . \quad . \quad . \quad . \quad . \quad (68)$$

so finden wir wegen der Beziehung

$$i_2 = C_2 \frac{d v_2}{d t}$$

für die Stromstärke im sekundären Kreise:

$$i_2 = \frac{E k}{2\pi \sqrt{L_1 L_2}} \int_{-\infty}^{+\infty} \frac{i \alpha^3 e^{i\alpha t} d\alpha}{(i\alpha - \nu_1)(i\alpha - \nu_1^*)(i\alpha - \nu_2)(i\alpha - \nu_2^*)(i\alpha + q)} \quad (69)$$

Die in diesem Kreise verbrauchte Energie ist

$$U = R_2 \int_0^{\infty} i_2^2 \, dt \quad . \quad . \quad . \quad . \quad . \quad . \quad . \quad (70)$$

und läßt sich mittels der früheren gefundenen Beziehung (55) bestimmen. Weil der Ausdruck (69) eine symmetrische Funktion der Wurzeln der Gleichung (19) ist, kann man U ohne Berechnung der Wurzeln ν bestimmen. Dieses Verfahren führt aber zu sehr komplizierten Rechnungen, und so gehen wir anders vor. Wie wir wissen, ist es zwecklos, daß die beiden Eigenfrequenzen ω_1 und ω_2 ebenso die Dämpfungskonstanten δ_1 und δ_2 allzu weit auseinander liegen. Wir gehen darum von zwei Kreisen aus, die genau dieselben elektrischen Konstanten haben, d. h. ω und δ sollen vor der Kopplung genau gleich sein. Die Bedingungen dafür sind

$$L_1 C_1 = L_2 C_2 \text{ und } R_1 C_1 = R_2 C_2 .$$

Die charakteristische Gleichung ist dann, wenn wir setzen

$$L_1 C_1 = \frac{1}{\omega^2} \text{ und } R_1 C_1 = \frac{2\delta}{\omega^2},$$

$$\Delta(i\alpha) = (\nu^2 + 2\delta\nu + \omega^2)^2 - k^2 \nu^4 = 0 \quad . \quad . \quad . \quad (71)$$

Diese Gleichung kann leicht gelöst werden und die Wurzeln sind

$$\left. \begin{aligned} \nu_1 (\nu_1^*) &= -\frac{\delta}{1+k} \overset{+}{(-)} i \sqrt{\frac{\omega^2}{1+k} - \frac{\delta^2}{(1+k)^2}} \\ \text{und} \quad \nu_2 (\nu_2^*) &= -\frac{\delta}{1-k} \overset{+}{(-)} i \sqrt{\frac{\omega^2}{1-k} - \frac{\delta^2}{(1-k)^2}} \end{aligned} \right\} \quad (72)$$

Schreiben wir diese Werte in gekürzter Form, so bekommen wir nach Differentiation und Ausführung der Integration

$$i_2 = \frac{E k}{\sqrt{L_1 L_2}} \left\{ \frac{q^3 e^{-qt}}{(q^2+\omega_1^2)(q^2+\omega_2^2)} - \frac{\omega_1^2 e^{-\delta_1 t}}{(q^2+\omega_1^2)(\omega_1^2-\omega_2^2)} (q \cos \omega_1 t + \omega_1 \sin \omega_1 t) \right.$$

$$\left. + \frac{\omega_2^2 e^{-\delta_2 t}}{(q^2+\omega_2^2)(\omega_1^2-\omega_2^2)} (q \cos \omega_2 t + \omega_2 \sin \omega_2 t) \right\} \quad . \quad (73)$$

daher wieder unter Vernachlässigung von δ gegen q und ω und von k gegen 1 und unter Berücksichtigung von (72)

$$U_{\text{-Störung}} \frac{C_1 E^2}{4} \frac{k^2 \omega^4}{(q^2+\omega^2)(4\delta^2+k^2\omega^2)} \quad . \quad . \quad . \quad (74)$$

Für ein ungedämpftes Signal mit der Kreisfrequenz ω ergibt sich der folgende Wert

$$U_{Signal} = R_2 \int_0^T i_2^2 \, dt = C_1 E^2 \frac{k^2 \omega^4 \delta T}{(4\delta^2+k^2\omega^2)^2} \quad . \quad . \quad (75)$$

so daß die Störungsfreiheit S_2 des gekoppelten Empfängers ist:

$$S_2 = \frac{4(q^2+\omega^2)\delta T}{4\delta^2+k^2\omega^2} \quad . \quad . \quad . \quad . \quad . \quad . \quad . \quad (76)$$

Es hat also der Kopplungsgrad einen großen Einfluß auf die Störungsfreiheit. Bekanntlich ist die Signalenergie am größten, wenn

$$k^2 \omega^2 = 4 \delta^2$$

und setzen wir diesen Wert in (76) ein, so ergibt sich

$$S_2 = \frac{(q^2+\omega^2) T}{2\delta} \quad . \quad . \quad . \quad . \quad . \quad . \quad . \quad . \quad (77)$$

Die Störungsfreiheit ist dann also genau gleich der des einzelnen Kreises mit derselben Dämpfung. In bezug auf aperiodische Störungen wird also keine Verbesserung der Störungsfreiheit erreicht, wenn man die Kreise in üblicher Weise so einstellt und koppelt, daß die Signalstärke maximal ist. Wohl aber lassen sich dann mit dem Sekundärempfänger erhebliche Vorteile gegenüber gedämpften und ungedämpften periodischen Störungen erreichen, wie sie von fremden Sendern und anscheinend ausnahmsweise auch von vagabundierenden Wellen erzeugt werden.

Bei kleinerem k dagegen, wenn wir also schwächer koppeln, können wir auch gegenüber aperiodischen Störungen eine Vergrößerung der Störungsfreiheit erreichen und zwar am besten, wenn $k = 0$, dann ist im günstigen Falle

$$S_2 = \frac{(q^2+\omega^2) T}{\delta} = 2 S_1 \quad . \quad . \quad . \quad . \quad . \quad . \quad . \quad (78)$$

3. Einfluß von Unterschieden in der Dämpfung und der Abstimmung.

Man versuchte verschiedentlich die Störungsfreiheit des gekoppelten Empfängers zu verbessern, so verstimmte man einen der beiden Kreise oder gab der Antenne eine sehr große Dämpfung, so daß die nahezu aperiodisch wurde. Nach den im Abschnitt 1 dieses Kapitels gewonnenen Resultaten können aber derartige Maßnahmen niemals Erfolg haben, und wir brauchen sie daher nicht mehr zu untersuchen, müssen aber die Frage stellen, welchen Einfluß kleine Unterschiede der Dämpfung und der Abstimmung haben, wie sie natürlich bei der Einstellung der Kreise leicht vorkommen. Aus der früher gefundenen Beziehung zwischen der Störungsfreiheit und dem Inhalt der von der Resonanzkurve und der Abszissenachse eingeschlossenen Fläche können wir von vornherein eine Verringerung der Störungsfreiheit erwarten, weil bei derselben Maximal-Amplitude des Stromes die Resonanzspitze verbreitert wird, der Inhalt der Fläche also zunimmt. Es ist wichtig, diesen Einfluß zahlenmäßig festzulegen. Mit den üblichen Vernachlässigungen finden wir aus (69) die Stromstärke, wenn wir nur die Eigenschwingungen berücksichtigen:

$$i_2 = \frac{E k}{2 i (\omega_1 + \omega_2) \sqrt{L_1 L_2}} \left\{ \frac{\omega_1{}^2 e^{(-\delta_1 + i\omega_1) t}}{(q + i\omega_1)\left(\delta_2 - \delta_1 - i(\omega_2 - \omega_1)\right)} - \frac{\omega_1{}^2 e^{-(\delta_1 + i\omega_1) t}}{(q - i\omega_1)\left(\delta_2 - \delta_1 + i(\omega_2 - \omega_1)\right)} - \frac{\omega_2{}^2 e^{(-\delta_2 + i\omega_2) t}}{(q + i\omega_2)\left(\delta_2 - \delta_1 - i(\omega_2 - \omega_1)\right)} + \frac{\omega_2{}^2 e^{-(\delta_2 + i\omega_2) t}}{(q - i\omega_2)\left(\delta_2 - \delta_1 + i(\omega_2 - \omega_1)\right)} \right\} \tag{79}$$

In dieser Formel kann nur der Ausdruck

$$\delta_2 - \delta_1 \pm i(\omega_2 - \omega_1)$$

Schwierigkeiten verursachen, weil es von vornherein unklar ist, ob der reelle oder der imaginäre Teil den größten absoluten Wert hat, und ob das wichtigste Glied in Beziehung mit den Werten von δ oder ω vor der Koppelung zu bringen ist. Wir wollen nur den Fall behandeln, daß die Kopplung extrem lose ist, und können dann δ_1, δ_2, ω_1 und ω_2 leicht aus der charakteristischen Gleichung finden:

$$(\nu^2 + 2\delta_1'\nu + \omega_{10}{}^2)(\nu^2 + 2\delta_2'\nu + \omega_{20}{}^2) - k^2\nu^4 = 0 \tag{80}$$

Die Striche beziehen sich auf die Konstanten der Kreise vor der Kopplung. Ist $k = 0$, so finden wir als Wurzeln die Wurzeln der beiden charakteristischen Gleichungen der beiden einzelnen Kreise. Weiter sind natürlich die Wurzeln von (80) Funktionen von k, und, solange k sehr klein ist, können wir setzen

$$\nu_1 = \nu_1' + \Delta \nu_1'$$

usw., und $\Delta \nu_1'$ als eine sehr kleine Größe betrachten, deren Quadrate vernachlässigt werden können.

Wir bekommen dann nach Substitution dieser Werte in (80),

$$2\Delta \nu_1'(\nu_1' + \delta_1')(\nu_1'^2 + 2\delta_2'\nu_1' + \omega_{20}^2) - k^2(\nu_1'^4 + 4\nu_1'^3 \Delta \nu_1') = 0 \quad (81)$$

und

$$\Delta \nu_1' = \frac{k^2 \nu_1'^4}{2(\nu_1' + \delta_1')(\nu_1'^2 + 2\delta_2'\nu_1' + \omega_{20}^2) - 4k^2 \nu_1'^3} \quad . \quad (82)$$

Wegen der vorkommenden zweiten Potenz von k im Zähler kann $\Delta \nu_1'$ durch Verkleinerung von k beliebig klein gemacht und der reelle wie der imaginäre Teil unter jeder beliebigen Grenze gehalten werden.

Wir nehmen den Wert von

$$\delta_1 - \delta_2 \pm i(\omega_1 - \omega_2)$$

aus (79) und dürfen nun nach obigem hierfür setzen, wenn wir nur das Pluszeichen betrachten

$$\nu_2' - \nu_1' = \delta_1' - \delta_2' + i(\omega_1' - \omega_2') \quad . \quad . \quad . \quad . \quad (83)$$

Ist jetzt

$$L_1 C_1 = L_2 C_2 = LC \quad .$$

oder

$$\omega_{10} = \omega_{20} = \omega$$

dann ist

$$\omega_1'^2 = \omega^2 - \delta_1'^2, \quad \omega_2'^2 = \omega^2 - \delta_2'^2$$

und

$$\omega'_1 = \omega\left(1 - \tfrac{1}{2}\frac{\delta_1'^2}{\omega^2} + \ldots\ldots\right)$$

$$\omega'_2 = \omega\left(1 - \tfrac{1}{2}\frac{\delta_2'^2}{\omega^2} + \ldots\ldots\right)$$

also

$$\omega_1' - \omega_2' = \frac{1}{2}\,\frac{\delta_2'^2 - \delta_1'^2}{\omega} = \tfrac{1}{2}(\delta_2' - \delta_1')\frac{\delta_1' + \delta_2'}{\omega} \quad . \quad . \quad (84)$$

Wir können in diesem Falle $\omega_1' - \omega_2'$ gegen $\delta_2' - \delta_1'$ vernachlässigen, daher auch $\omega_1 - \omega_2$ gegen $\delta_1 - \delta_2$, und es wird (79)

$$i_2 = \frac{Ek}{(\omega_1 + \omega_2)(\delta_2 - \delta_1)\sqrt{L_1 L_2}}\left\{\frac{\omega_1^2 e^{-\delta_1 t}}{q^2 + \omega_1^2}(q \sin \omega_1 t - \omega_1 \cos \omega_1 t)\right.$$

$$\left. - \frac{\omega_2^2 e^{-\delta_2 t}}{q^2 + \omega_2^2}(q \sin \omega_2 t - \omega_2 \cos \omega_2 t)\right\} \quad . \quad . \quad . \quad . \quad (85)$$

Weil ω_1 und ω_2 sehr wenig verschieden sind, können wir diese Größe ersetzen durch ω, und es ist somit die Störungsenergie:

$$U_{St} = R_2 \int_0^\infty i_2^2\,dt = \frac{k^2 E^2 R_2}{16 L_1 L_2 (\delta_2 - \delta_1)^2 (q^2 + \omega^2)} \left(\frac{1}{\delta_1} + \frac{1}{\delta_2} - \frac{4}{\delta_1 + \delta_2} \right)$$

$$= \frac{k^2 E^2 R_2}{16 L_1 L_2 (q^2 + \omega^2)} \frac{1}{\delta_1 \delta_2 (\delta_1 + \delta_2)} \quad . \ . \ . \ (86$$

Die Signalenergie ist bei den gewählten Bedingungen und der Signalfrequenz ω

$$U_S = R_2 \int_0^T i_2^2\,dt = \frac{k^2 E^2 R_2}{32 L_1 L_2} \frac{T}{\delta_1^2 \delta_2^2} \quad . \ . \ . \ . \ (87)$$

und die Störungsfreiheit

$$S_2 = \frac{U_S}{U_{St}} = \frac{1}{2} \frac{\delta_1 + \delta_2}{\delta_1 \delta_2} (q^2 + \omega^2)\, T \quad . \ . \ . \ . \ (88)$$

Diese Formel gibt in ganz einfacher Weise den Einfluß wieder, den die Unterschiede der Dämpfung ausüben, und bestätigt unsere Annahme von dem ungünstigen Einfluß jener auf rechnerischem Wege. Es ergibt sich auch, falls eine der beiden Dämpfungskonstanten sehr viel kleiner ist als die andere, daß der Kreis mit der kleinsten Dämpfung die Störungsfreiheit bestimmt, soweit es sich um aperiodische Störungen handelt, denn in diesem Falle wird S_2 gleich der früher gefundenen Störungsfreiheit des einzelnen Kreises. Im übrigen ist der Einfluß von kleinen Unterschieden nicht sehr groß und das Maximum ziemlich flach.

Jetzt wollen wir noch den Fall betrachten, daß die Resonanzfrequenzen der beiden Kreise ungleich sind.

Wir nehmen an, daß

$$\delta_1 - \delta_2 << \omega_1 - \omega_2,$$

dann ist, wenn wir wiederum nur die Eigenschwingungen beibehalten,

$$i_2 = \frac{k E}{(\omega_2^2 - \omega_1^2) \sqrt{L_1 L_2}} \left\{ \frac{\omega_1^2 e^{-\delta_1 t}}{q^2 + \omega_1^2} (\omega_1 \sin \omega_1 t + q \cos \omega_1 t) \right.$$

$$\left. - \frac{\omega_2^2 e^{-\delta_2 t}}{q^2 + \omega_2^2} (\omega_2 \sin \omega_2 t + q \cos \omega_2 t) \right\} \quad . \ . \ . \ . \ (89)$$

und die Störungsenergie

$$U_{St} = \frac{k^2 E^2 R_2}{(\omega_1^2 - \omega_2^2)^2 L_1 L_2} \left\{ \frac{\omega_1^4}{4 \delta_1 (q^2 + \omega_1^2)} + \frac{\omega_2^4}{4 \delta_2 (q^2 + \omega_2^2)} \right.$$

$$\left. - \frac{\omega_1^2 \omega_2^2 (\omega_1 \omega_2 + q^2)(\delta_1 + \delta_2)}{\{(\delta_1 + \delta_2)^2 + (\omega_1 - \omega_2)^2\} (q^2 + \omega_1^2)(q^2 + \omega_2^2)} \right\} \quad . \ . \ (90)$$

Trotz obiger Einschränkung ist dieser Ausdruck noch ziemlich kompliziert, und um eine Diskussion zu erleichtern, setzen wir

$$\delta_1 = \delta_2 = \delta$$
$$\omega_1 = (1 + a)\,\omega_2,$$

wobei a eine sehr kleine Zahl ist.

Dann ist

$$U_{St} = \frac{C_1 E^2}{4} \frac{k^2 \omega_2^4}{\delta (4\,\delta^2 + a^2 \omega_2^2)(q^2 + \omega_2^2)} \quad . \; . \; . \; . \; . \quad (91)$$

Die Signalenergie ist bei Übereinstimmung von ω_1 mit der Signalfrequenz

$$U_S \cong \frac{C_1 E^2}{16} \frac{k^2 \omega_1^2 \omega_2^2 T}{\delta (\delta^2 + a^2 \omega_2^2)} \quad . \; . \; . \; . \; . \quad (92)$$

und die Störungsfreiheit

$$S_2 \cong \frac{1}{4} \frac{4\,\delta^2 + a^2 \omega^2}{\delta^2 + a^2 \omega^2} \frac{q^2 + \omega^2}{\delta} T \quad . \; . \; . \; . \; . \quad (93)$$

Ist $a = 0$, so finden wir den früher gefundenen Wert (78) zurück.

Es wirken also kleine Unterschiede der Dämpfung wie der Abstimmung ungünstig auf die Störungsfreiheit, wie es schon von vornherein erwartet wurde. Dabei wurde bei den letzten Rechnungen vorausgesetzt, daß k sehr klein, die Kopplung also extrem lose ist. Aus der allgemeinen Theorie des 1. Kapitels ist sofort zu folgern, daß eine Vergrößerung des Kopplungsgrades unbedingt ungünstig wirken muß, und eine explizite Berechnung für größere Werte von k deshalb überflüssig ist.

Im allgemeinen können wir sagen, daß sich die Störungsfreiheit durch den gekoppelten Empfänger, soweit es sich um aperiodische Störungen handelt, nur dann beträchtlich verbessern läßt, wenn:

1. die beiden Kreise extrem lose gekoppelt sind, und 2. die Eigenschwingungen der beiden Kreise vor der Kopplung möglichst genau in bezug auf die Dämpfung wie auf die Frequenz abgeglichen sind. Im günstigsten Falle erhält man so eine zweifache Verbesserung.

---

4. Die Störungsfreiheit eines Systemes von n gleichen magnetisch gekoppelten Kreisen.

Die beim gekoppelten Empfänger gefundenen Resultate führen natürlich zu der Frage, was mit der Kopplung eines weiteren Kreises zu erreichen ist, und dazu wollen wir den so gekoppelten Empfänger in analoger Weise betrachten wie denjenigen, der aus einzelnen

Kreisen entstanden ist. Wegen der Bedingungen, daß die Kopplung extrem lose und die Eigenschwingungen möglichst genau dieselben sein müssen, brauchen wir nur den Fall von mehreren gleichen extrem lose gekoppelten Kreisen zu untersuchen. Wir beschränken uns auf magnetische Kopplung und wählen vorläufig eine willkürliche Anzahl der Kreise. Dazu stellen wir zunächst die Gleichungen für einen allgemeineren Fall auf und benutzen zwecks kurzer Form die in der Elektrotechnik übliche symbolische Schreibweise, nämlich die Gleichung für die Stromstärke eines beliebigen Schwingungskreises[13])

$$L\frac{dJ}{dt} + RJ + \frac{1}{C}\int J dt = E e^{i\alpha t}$$

in der Form

$$zJ = E e^{i\alpha t}$$

in der

$$z = i\alpha L + R + \frac{1}{i\alpha C} \quad \ldots\ldots \quad (94)$$

die komplexe Impedanz des Schwingungskreises ist. In Fig. 6

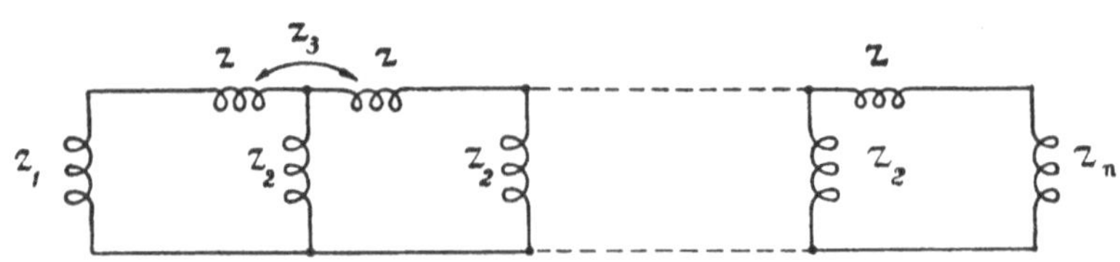

Fig. 6.

ist ein System von gekoppelten Schwingungskreisen dargestellt, das oft als Wellenfilter bezeichnet wird. Die aufeinander folgenden Glieder der dargestellten Kette seien durch die komplexen Impedanzen z_2 gekoppelt. In allen Gliedern befindet sich eine komplexe Impedanz z, im ersten Kreise eine zusätzliche Impedanz z_1 und im letzten eine zusätzliche Impedanz z_n; z_3 repräsentiert die gegenseitige Induktion von zwei aufeinander folgenden Gliedern. Werden die Stromstärken in dem 1., 2., . . . n^{ten} Gliede mit i_1, i_2 . . . i_n bezeichnet und wirkt auf den ersten Kreis die äußere elektromotorische Kraft

$$E e^{i\alpha t}$$

so sind die Gleichungen für die i

$$\left.\begin{array}{l} i_1(z + z_1 + z_2) - i_2(z_2 - z_3) \qquad\qquad = E e^{i\alpha t} \\ -i_1(z_2 - z_3) \quad + i_2(z + 2z_2) - i_3(z_2 - z_3) = 0 \\ \ldots\ldots\ldots\ldots\ldots\ldots\ldots\ldots \end{array}\right\} . \quad (95)$$

Die Lösung dieses Systemes von algebraischen Gleichungen ergibt

$$i_m = E\frac{\Delta_{1m}(i\alpha)}{\Delta_n(i\alpha)}e^{i\alpha t} \quad \ldots \ldots \quad (96)$$

und der Ausdruck

$$\frac{\Delta_{1m}(i\alpha)}{\Delta_n(i\alpha)} \quad \ldots \ldots \quad (97)$$

kann wieder als komplexe Impedanz aufgefaßt werden.

Wir betrachten E als Funktion von α, multiplizieren mit $\frac{d\alpha}{2\pi}$ und integrieren den Ausdruck im zweiten Gliede zwischen den Grenzen $-\infty$ und $+\infty$. Es steht dann im zweiten Gliede irgendeine Funktion von t und wir bekommen als Lösungen die Ausdrücke:

$$i_m = \frac{1}{2\pi}\int_{-\infty}^{+\infty}\frac{\Delta_{1m}(i\alpha)}{\Delta_n(i\alpha)}\varphi(\alpha)e^{i\alpha t}d\alpha \quad \ldots \quad (98)$$

Um dieses Integral nach der Methode der Residue zu berechnen, müssen wir die Wurzeln der Gleichung

$$\Delta_n(i\alpha) = 0 \quad \ldots \ldots \quad (99)$$

und die Pole von $\varphi(\alpha)$ bestimmen.

Wir setzen

$$\left.\begin{aligned} -\frac{z+z_1+z_2}{z_2-z_3} &= x \\ -\frac{z+2z_2}{z_2-z_3} &= p \\ -\frac{z+z_2+z_n}{z_2-z_3} &= y \end{aligned}\right\} \quad \ldots \ldots \quad (100)$$

Es ist dann

$$\Delta_n(i\alpha) = (z_3-z_2)^n \begin{vmatrix} x & 1 & 0 & \ldots & 0 & 0 \\ 1 & p & 1 & \ldots & \ldots & 0 \\ \vdots & & & & & \\ 0 & \ldots & \ldots & 1 & p & 1 \\ 0 & 0 & 0 & \ldots & 1 & y \end{vmatrix} \quad \ldots \quad (101)$$

Es sei weiter

$$\Delta_n(y) = \begin{vmatrix} p & 1 & 0 & \ldots & 0 & 0 \\ 1 & p & 1 & \ldots & \ldots & 0 \\ \vdots & & & & & \\ 0 & 0 & \ldots & 1 & p & 1 \\ 0 & 0 & \ldots & 0 & 1 & y \end{vmatrix},$$

dann ist

$$\Delta_n(i\alpha) = (z_3-z_2)^n\{xy\,\Delta_{n-2}(p) - 2(x+y)\Delta_{n-3}(p) + \Delta_{n-4}(p)\}.$$

Durch besondere Wahl von x und y können wir verschiedene Arten von Filtern erhalten.

Wenn

$$z_1 = z_n = z_2 = 0 \quad . \quad . \quad . \quad . \quad . \quad . \quad . \quad . \quad (102)$$

so ist

$$\Delta_n(i\alpha) = (z_3)^n \Delta_n(p) \quad . \quad . \quad . \quad . \quad . \quad . \quad . \quad . \quad (103)$$

und wir haben den Fall von n gleichen, in gleicher Weise magnetisch gekoppelten Kreisen.

Vollkommen äquivalent ist die Wahl

$$z_3 = 0, \quad z_1 = z_n = z_2,$$

wenn z_2 eine Induktanz ist. Wir haben dann den Fall direkter Kopplung, indem eine Selbstinduktionsspule, die in zwei aufeinander folgenden Gliedern liegt, die Kopplung zustande bringt. Wenn der Widerstand vernachlässigt werden darf, ist dieses System identisch mit dem vorhergehenden. Wenn

$$z_2 = \frac{1}{i\alpha C},$$

bekommen wir ein System von n statisch gekoppelten Kreisen.

Die Wahl

$$z_3 = z_n = z_1 = 0$$
$$z_2 = i\alpha L_2$$
$$z = i\alpha L + R + \frac{1}{i\alpha C},$$

führt zu einem Gebilde, das im wesentlichen mit dem sogenannten x-stopper von Marconi[14]) übereinstimmt.

In allen diesen Fällen kann man die Wurzeln der Gleichung (99) in einfacher Weise ermitteln, und auch das Integral (98) ließe sich bestimmen, wenn die Wurzeln nicht bekannt sind, weil es wieder eine symmetrische Funktion der Wurzeln darstellt. Wir wollen aber nur den Fall magnetischer Kopplung behandeln, da die anderen Fälle vollkommen äquivalent und die Rechnungen in ähnlicher Weise durchführbar sind. Wir haben also die Impedanzen entsprechend (102) zu wählen und setzen außerdem

$$\varphi(\alpha) = \frac{E}{i\alpha + q},$$

so haben wir wieder den Fall einer aperiodischen Störung.

Es ist dann, weil

$$\Delta_{1m}(i\alpha) = (z_3)^{n-1} \Delta_{1m}(p),$$

$$i_m = \frac{E}{2\pi} \int_{-\infty}^{+\infty} \frac{1}{z_3} \frac{\Delta_{1m}(p)}{\Delta_n(p)} \frac{e^{i\alpha t}}{i\alpha + q} d\alpha \quad . \quad . \quad . \quad . \quad (104)$$

Die Determinante $\Delta_n(p)$ ist symmetrisch, und also ist

$$\Delta_{km}(p) = \Delta_{mk}(p) \quad \ldots\ldots \quad (105)$$

Weiter läßt sich leicht zeigen, daß

$$\Delta_{km}(p) = \Delta_{k-1}(p)\,\Delta_{n-m}(p), \quad (\text{wenn } k \overline{\gtrless} m)$$

also

$$\Delta_{1m}(p) = \Delta_0(p)\,\Delta_{n-m}(p) \quad \ldots\ldots\ldots \quad (106)$$

wo

$$\Delta_0(p) \;= 1.$$

Es ist daher

$$i_m = \frac{E}{2\pi}\int_{-\infty}^{+\infty} \frac{1}{z_3}\,\frac{\Delta_{n-m}(p)}{\Delta_n(p)}\,\frac{e^{i\alpha t}}{i\alpha + q}\,d\alpha \quad \ldots\ldots \quad (107)$$

Wir ersetzen p durch $2\cos\Theta$, dann ist[15])

$$\Delta_n(p) = \Delta_n(2\cos\Theta) = \frac{\sin(n+1)\,\Theta}{\sin\Theta} \quad \ldots \quad (108)$$

und $\Delta_n(p)$ ist also gleich null, wenn

$$\Theta = \frac{k\pi}{n+1} \quad \text{mit } k = 1,\ 2 \ldots . \ n.$$

Die Wurzeln der Gleichung

$$\Delta_n(i\alpha) = 0$$

sind also gegeben durch die Partialgleichungen

$$p = \frac{z}{z_3} = 2\cos\frac{k\pi}{n+1} \quad \text{mit } k = 1,\ 2,\ \ldots . \ n \quad \ldots \quad (109)$$

Einen bestimmten Ausdruck für die gesuchten Wurzeln finden wir, wenn wir z und z_3 bestimmte Werte geben.

Wir setzen

$$z = i\alpha L + R + \frac{1}{i\alpha C}$$

$$z_3 = i\alpha M$$

und wir finden dann aus (109):

$$i\alpha_k = -\frac{1}{2}\,\frac{R}{L - 2M\cos\frac{k\pi}{n+1}}$$

$$\pm i\sqrt{\frac{1}{\left(L - 2M\cos\frac{k\pi}{n+1}\right)C} - \frac{R^2}{4\left(L - 2M\cos\frac{k\pi}{n+1}\right)^2}} \quad (110)$$

Es sind also die Wurzeln der Gleichung (99) Funktionen von dem Koppelungsgrade

$$k = \frac{M}{L}.$$

Die im m^{ten} Kreise verzehrte Energie ist gegeben durch die Formel:

$$U_{St,\,m} = R\int_0^\infty i_m^2 dt = \frac{R E^2}{4\pi^2}\int_0^\infty dt \left\{ \int_{-\infty}^{+\infty} \frac{1}{z_3}\,\frac{\Delta_{n-m}(p)}{\Delta_n(p)}\,\frac{e^{i\alpha t}d\alpha}{q+i\alpha} \right\}^2 \qquad (111)$$

Wir können aber die Determinanten $\Delta_{n-m}(p)$ und $\Delta_n(p)$ auch schreiben als

$$\frac{L^{n-m}}{(-\alpha^2)^{n-m} M^{n-m}}(\alpha-\alpha_1{}^1)(\alpha-\alpha_2{}^1)\ldots\ldots(\alpha-\alpha^1_{2(n-m)})$$

und

$$\frac{L^n}{(-\alpha^2)^n M^n}(\alpha-\alpha_1)(\alpha-\alpha_2)\ldots\ldots(\alpha-\alpha_{2n}) \quad . \quad . \qquad (112)$$

wenn die $\alpha_k{}^1$ und α_k die Wurzeln der Gleichungen sind

$$\Delta_{n-m}(i\alpha)=0 \text{ und } \Delta_n(i\alpha)=0.$$

Es ist daher

$$i_m = \frac{E M^{m-1}}{2\pi L^m}\int_{-\infty}^{+\infty}\frac{(i\alpha)^{2m-1}(\alpha-\alpha_1{}^1)\ldots\ldots(\alpha-\alpha^1_{2(n-m)})e^{i\alpha t}d\alpha}{(\alpha-\alpha_1)\ldots\ldots(\alpha-\alpha_{2n})(q+i\alpha)} \qquad (113)$$

und gemäß der Formel (53) ist:

$$R\int_0^\infty i_m^2 dt = \frac{R E^2 M^{2m-2}}{2\pi L^{2m}} \times$$

$$\int_{-\infty}^{+\infty}\frac{\alpha^{4m-2}(\alpha-\alpha_1{}^1)\ldots\ldots(\alpha-\alpha^1_{2(n-m)})(\alpha+\alpha_1{}^1)\ldots\ldots(\alpha+\alpha^1_{2(n-m)})\,d\alpha}{(\alpha-\alpha_1)\ldots(\alpha-\alpha_{2n})(\alpha+\alpha_1)\ldots\ldots(\alpha+\alpha_{2n})(q^2+\alpha^2)} \qquad (114)$$

Bei der Ausführung dieses Integrales wird, weil α_k komplex ist (vgl. 110), der Integrand niemals unendlich groß. Weil alle α_k und $\alpha_k{}^1$ aus Wertepaaren von der Form

$$i\delta+\omega+ak \text{ und } i\delta-\omega-bk$$

bestehen, wenn k extrem klein ist und $i\delta+\omega$ und $i\delta-\omega$ sich auf die einzelnen Kreise beziehen, und a und b jedenfalls unter gewissen endlichen Werten bleiben, ist schließlich:

$$R\int_0^\infty i_m^2 dt = \frac{R E^2 k^{2m-2}}{2\pi L^2} \times$$

$$\int_{-\infty}^{+\infty}\frac{\alpha^{4m-2}d\alpha}{\{(\alpha-\omega)^2+\delta^2\}^m\{(\alpha+\omega)^2+\delta^2\}^m(q^2+\alpha^2)} \quad . \qquad (115)$$

Wir sehen hieraus, daß der $m+1^{te}$ Kreis keinen Einfluß hat auf die Störungsenergie im m^{ten}, was natürlich mit der vorausgesetzten extremlosen Kopplung zusammenhängt. Wenn wir noch den Integrationsbereich $0 - \infty$ einführen, erhalten wir für die Störungsenergie im letzten Kreise eines Systemes von n Kreisen das Integral:

$$R\int_0^\infty i_n{}^2 dt = \frac{R E^2 k^{2n-2}}{\pi L^2} \times$$

$$\int_0^\infty \frac{\alpha^{4n-2} d\alpha}{\{(\alpha - \omega)^2 + \delta^2\}^n \{(\alpha + \omega)^2 + \delta^2\}^n (q^2 + \alpha^2)} \quad . \quad . \quad (116)$$

Solange $\frac{\delta}{\omega}$ eine sehr kleine Zahl ist, können wir in erster Annäherung setzen

$$\int_0^\infty = \int_{\alpha_1}^{\alpha_2}$$

wenn wir α_1 und α_2 so wählen, daß $\frac{\omega - \alpha_1}{\delta}$ und $\frac{\alpha_2 - \omega}{\delta}$ große Zahlen sind und $\frac{\omega - \alpha_1}{\omega}$ und $\frac{\alpha_2 - \omega}{\omega}$ kleine Zahlen. Es ist dann

$$U_{St} = \frac{R E^2 k^{2n-2}}{\pi L^2} \, \frac{\omega^{4n-2}}{2^{2n} \omega^{2n} (q^2 + \omega^2)} \int_{\alpha_1}^{\alpha_2} \frac{d\alpha}{\{\delta^2 + (\alpha - \omega)^2\}^n}.$$

Weiter ist:

$$\int_{\alpha_1}^{\alpha_2} \frac{d\alpha}{(\delta^2 + (\alpha - \omega)^2)^n} = \frac{1}{\delta^{2n-1}} \int_{\frac{\alpha_1 - \omega}{\delta}}^{\frac{\alpha_2 - \omega}{\delta}} \frac{dx}{(1 + x^2)^n} \cong \frac{2}{\delta^{2n-1}} \int_0^\infty \frac{dx}{(1 + x^2)^n}.$$

Substituieren wir

$$y = \operatorname{arc\,tg} x,$$

so ist

$$dy = \frac{dx}{1 + x^2}, \quad \frac{dx}{(1 + x^2)^n} = \frac{dy}{(1 + x^2)^{n-1}},$$

weiter ist

$$\frac{1}{1 + x^2} = \cos^2 y, \text{ also } \frac{dx}{(1 + x^2)^n} = \cos^{2n-2} y \, dy,$$

und

$$\int_0^\infty \frac{dx}{(1 + x^2)^n} = \int_0^{\frac{\pi}{2}} \cos^{2n-2} y \, dy.$$

Wegen

$$2^{2n-3}\cos^{2n-2}y = \cos(2n-2)y + (2n-2)\cos(2n-4)y + \ldots\ldots + \frac{1}{2}\frac{(2n-2)(2n-3)\ldots\ldots n}{(n-1)!} \quad \ldots\ldots \quad (117)$$

ist

$$\int_0^{\frac{\pi}{2}} \cos^{2n-2}y\,dy = \frac{\pi}{2}\frac{(2n-2)(2n-3)\ldots\ldots n}{2^{2n-2}(n-1)!}$$

$$= \frac{\pi}{2}\frac{(2n-2)!}{2^{2n-2}(n-1)!^2} \quad \ldots\ldots \quad (118)$$

also, wenn wir berücksichtigen, daß $R = 2L\delta$, so ist

$$U_{St} = \frac{k^{2n-2}E^2}{L\delta^{2n-2}\,2^{4n-3}}\,\frac{(2n-2)!}{(n-1)!^2}\,\frac{\omega^{2n-2}}{q^2+\omega^2} \quad \ldots \quad (119)$$

Die Signalenergie ist bei Abstimmung, wenn $\omega_0{}^2 LC = 1$,

$$U_S = \frac{RTE^2}{2}\,\frac{\omega_0{}^{2n-2}M^{2n-2}}{R^{2n}} = \frac{k^{2n-2}E^2\omega_0{}^{2n-2}T}{L\delta^{2n-1}\,2^{2n}} \quad . \quad (120)$$

und weil $\omega_0 \cong \omega$ ist, ist die Störungsfreiheit im letzten Kreise eines aus n gleichen, extremlose gekoppelten Kreisen bestehenden Gebildes

$$S_n = \frac{U_S}{U_{St}} = \frac{2^{2n-2}(n-1)!^2}{(2n-2)!}\,\frac{q^2+\omega^2}{2\delta}\,T = \frac{2^{2n-2}(n-1)!^2}{(2n-2)!}\,S_1 \quad (121)$$

Wenn $n = 2$, 3 usw., ist also

$$S_2 = 2\;S_1$$

$$S_3 = \frac{8}{3}\;S_1 = 2.67\;S_1$$

$$S_4 = \frac{16}{5}\;S_1 = 3.2\;S_1$$

$$S_5 = \frac{128}{35}\;S_1 = 3.66\;S_1$$

$$S_6 = \frac{256}{63}\;S_1 = 4.07\;S_1\,.$$

Es nimmt also bei zunehmender Anzahl von Schwingungskreisen die Störungsfreiheit zwar zu, aber die durch die Kopplung eines weiteren Kreises erreichbare Verbesserung wird um so kleiner, je nachdem die Anzahl der Kreise größer ist.

Außerdem haben wir eine absolut konstante Frequenz der Sendewelle vorausgesetzt, und gerade alle Frequenzschwankungen können wir bis jetzt nicht vermeiden. Nur wenn es einmal gelungen ist, die Wellenlänge des Senders vollkommen konstant zu halten, lassen sich die Vorteile einer außerordentlich scharfen Abstimmung völlig ausnutzen. Natürlich wird man auch dann n nicht beliebig vergrößern können, sondern immer eine Zahl n erhalten, die man nicht überschreiten kann, weil die mit einer weiteren Vergrößerung verbundenen Nachteile größer sind als die zu erreichenden Vorteile, und eine vollkommene Konstanz der Frequenz natürlich ausgeschlossen ist.

Mit Hilfe der bekannten Stirlingschen Formel

$$n! = n^n e^{-n} \sqrt{2\pi n},$$

die schon für ziemliche kleine n eine sehr gute Annäherung gibt, finden wir leicht

$$S_n = \sqrt{n\pi}\, S_1 \quad \dots\dots\dots \quad (122)$$

Es nimmt also die Störungsfreiheit mit der Quadratwurzel aus n, d. h. nur sehr langsam zu. Für die Zwecke der drahtlosen Telephonie kann natürlich die Verwendung dieser mehrfach gekoppelten Gebilde nimmer in Betracht kommen, denn dabei handelt es sich nicht um die Übertragung einer einzelnen Welle, sondern von Wellenlängen eines Bereiches mit so weit auseinander liegenden Grenzen, daß das ganze Gebiet der Sprechfrequenzen überdeckt und ungefähr gleich stark empfangen wird, weil sonst Verzerrungen der Sprache auftreten. Bei Empfangsanlagen für drahtlose Telephonie läßt sich also die Störungsfreiheit nur durch Anwendung von Richtungsempfang und Erdantennen verbessern.

Sogar zwei Kreise können kaum in Betracht kommen, wenn die Sendewelle einigermaßen schwankt und man die günstigsten Verhältnisse, d. h. sehr geringe Dämpfung und extremlose Kopplung erzielen will. Es würde sich vielmehr empfehlen, die Kopplung bei geringer Dämpfung fest zu wählen, um bei guter Empfangsstärke ein breites Frequenzgebiet gleich stark empfangen zu können. Die geringe Dämpfung bewirkt dann, daß zu beiden Seiten des zu empfangenden Wellenbereiches die Lautstärke schnell auf einen sehr geringen Wert sinkt. Das bedeutet eine Verbreiterung der Resonanzspitze ohne die Übelstände ihrer Abflachung durch vergrößerte Dämpfung. Es wird dieser Vorgang vielfach mit den sogenannten Wellenfiltern erstrebt. Sehr große Störungsfreiheit wird aber in dieser Weise nicht erreicht, weil der Inhalt der von der Resonanzkurve eingeschlossenen Fläche immerhin ziemlich groß bleibt.

Mit der Benutzung von mehreren abgestimmten Kreisen ist ein erheblicher Übelstand verbunden, der von der Bedingung abhängt, daß die Kopplung sehr lose sein muß. Demzufolge wird nämlich die Signalstärke in jedem folgenden Kreise schwächer. Diesen Übelstand sucht man dadurch zu beseitigen, daß man die Signale verstärkt. Am günstigsten scheint hier die erhöhte Selektivität kombiniert mit der Verstärkung zu wirken, und so kam man zu dem Bau der sogenannten selektiven Verstärker, die wir jetzt betrachten wollen.

---

5. Die selektiven Verstärker.

In der Fig. 7 ist das Schaltungsschema eines abgestimmten Elektronenröhrenverstärkers in einfachster Form unter Fortlassung der erforderlichen Stromquellen dargestellt. Die aufeinander folgenden Schwingungskreise sind alle, mit Ausnahme des ersten, genau gleich, und auch die Röhren sollen alle dieselbe Charakteristik haben. Solange es sich um sehr kleine Schwingungsamplituden handelt, können wir den veränderlichen Teil des Plattenstroms als lineare Funktion der Spannungsänderungen am Gitter und an der Platte darstellen, und erhalten dann die Gleichung

$$i_p = a v_g + b v_p \quad \ldots\ldots \quad (124)$$

wo a und b Konstanten der Röhre sind.

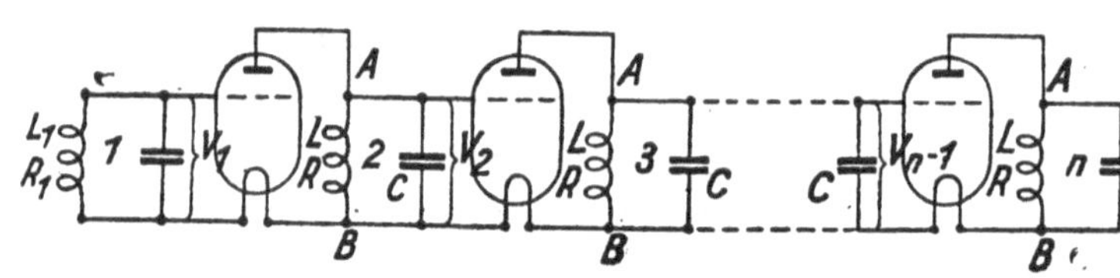

Fig. 7.

Es sei die Selbstinduktion aller Kreise, mit Ausnahme der des ersten, L, die Kapazität C und der Widerstand R. Die Konstanten des ersten Kreises seien L_1, R_1, C_1. Für die Spannung v_1 am Kondensator des ersten Kreises finden wir dann bei Erregung durch die äußere Kraft $Ee^{i\alpha t}$:

$$v_1 = \frac{1}{i\alpha C_1} \frac{E e^{i\alpha t}}{i\alpha L_1 + R_1 + \frac{1}{i\alpha C_1}} = \frac{E e^{i\alpha t}}{i\alpha C_1 z_1}.$$

Wenn wir die komplexe Impedanz zwischen den Punkten A und B in jedem Kreise gleich z annehmen, ist die Spannung v_2 am Kondensator des zweiten Kreises gleich

$$v_2 = -i_p z \quad \ldots\ldots\ldots \quad (125)$$

und es ist

$$i_p = a v_g + b v_p = a v_1 + b v_p \quad \ldots\ldots \quad (126)$$

Weiter ist

$$i_p(1+bz)=av_1$$

und

$$(1+bz)v_2=-azv_1 \quad \ldots\ldots \quad (127)$$

Durch eine ähnliche Betrachtung finden wir die Gleichungen für die Spannungen $v_3 \ldots v_n$ und wir erhalten das Gleichungssystem

$$\left.\begin{array}{ll} z_1 v_1 & = \dfrac{E e^{i\alpha t}}{i\alpha C_1} \\ a z v_1 + (1+bz) v_2 & = 0 \\ \quad a z v_2 + (1+bz) v_3 & = 0 \\ \quad \vdots & \\ \qquad a z v_{n-1} + (1+bz) v_n & = 0 \end{array}\right\} \quad (128)$$

In diesen Gleichungen ist wegen der Beziehung

$$\frac{1}{z}=\frac{1}{i\alpha L+R}+i\alpha C,$$

$$z=\frac{(i\alpha L+R)\dfrac{1}{i\alpha C}}{i\alpha L+R+\dfrac{1}{i\alpha C}} \quad \ldots\ldots \quad (129)$$

Die charakteristische Gleichung, die uns die Eigenschwingungen liefert, ist:

$$\Delta_n(i\alpha)=\begin{vmatrix} z_1, & 0 & \ldots\ldots & \\ az, & 1+bz & \ldots\ldots & \\ \vdots & & & \\ 0, & 0 & az, & 1+bz \end{vmatrix}=0$$

oder

$$z_1(1+bz)^{n-1}=0 \quad \ldots\ldots \quad (130)$$

Um die geforderten günstigen Bedingungen zu erfüllen, müssen die Gleichungen

$$z_1=0 \text{ und } 1+bz=0$$

gleiche Wurzeln besitzen und dazu

$$\frac{R_1}{L_1}=\frac{R}{L}+\frac{b}{C} \text{ und } \frac{1}{L_1 C_1}=\frac{1+bR}{LC} \quad \ldots \quad (131)$$

sein. Wenn diese Bedingungen erfüllt sind, hat man ein System mit nahezu denselben Eigenschaften, wie das vorher behandelte. Nur die Art der Kopplung ist eine andere; dies hat aber keinen wesentlichen Einfluß auf das Endergebnis. Aus der ersten der Gleichungen (131) ersieht man, daß die Benutzung von abgestimmten Verstärkern diesen Übelstand mit sich bringt, daß die natürliche

Dämpfung vergrößert wird, weil das Glied $\frac{b}{C}$ hinzukommt. Es ist darum wichtig, dieses Glied möglichst klein zu halten, und man kann dies durch Vergrößerung von C und Verkleinerung von b erreichen.

Bei unserer Berechnung wurde die Rückwirkung des m^{ten} Kreises auf den $m-1$. außer Betracht gelassen. Bekanntlich sind aber in diesen Verstärkern die Rückwirkungen ziemlich stark und trotz aller Vorkehrungen nicht ganz zu vermeiden. Es läßt sich nicht leicht voraussagen, ob diese Rückwirkungen einen günstigen oder ungünstigen Einfluß haben werden; sie lassen einerseits die Eigenfrequenzen weiter auseinanderrücken, anderseits haben sie bei geeigneter Schaltung zur Folge, daß die Dämpfung reduziert wird. Wir wollen daher noch den Einfluß dieser Rückwirkung betrachten und lassen, um ein System mit ihr (sogenannte Rückkopplung) zu erhalten, den letzten Kreis des in Fig. 7 abgebildeten Systemes fort, und verbinden die Platte der letzten Röhre mit dem Gitter der ersten. Wir haben dann einen sogenannten abgestimmten Verstärker mit Rückkopplung. Bezeichnen wir die komplexen Impedanzen im Selbstinduktions- und im Kondensatorzweig der Schwingungskreise LCR, die jetzt alle gleich sein sollen, durch z_2 und z_3 bzw. die Stromstärken durch i_2 und i_3, mit $i_{p,n-1}$ den Plattenstrom in der letzten ($n-1^{ten}$) Röhre bei einer äußeren Kraft $Ee^{i\alpha t}$, die auf den ersten Kreis wirkt, so gilt zur Berechnung von v_1 das Gleichungssystem:

$$\begin{aligned} &Ee^{i\alpha t} - z_2 i_2 - z_3 i_3 = 0 \\ &i_{p,n-1} = a v_{n-1} + b v_1 = i_2 - i_3 \\ &v_1 = i_3 z_3, \end{aligned}$$

und die Gleichung für v_1 ist:

$$(1+bz)v_1 + azv_{n-1} = \frac{z}{z_2} Ee^{i\alpha t} = \frac{Ee^{i\alpha t}}{i\alpha C z_1},$$

wenn

$$z_1 = i\alpha L + R + \frac{1}{i\alpha C}.$$

Die Gleichungen für v_2, v_3 sind genau dieselben wie im vorigen Falle und daher schließlich das System

$$\left.\begin{aligned} (1+bz)v_1 \qquad\qquad\qquad\qquad &+ azv_{n-1} = \frac{Ee^{i\alpha t}}{i\alpha C z_1} \\ azv_1 + (1+bz)v_2 \qquad\qquad &= 0 \\ &\vdots \\ azv_{n-2} + (1+bz)v_{n-1} &= 0 \end{aligned}\right\} \quad (132)$$

Teilen wir die sämtlichen Gleichungen durch az und setzen

$$\frac{1+bz}{az}=p \quad . \; . \; . \; . \; . \; . \; . \; . \quad (133)$$

so wird die charakteristische Gleichung für die Eigenschwingungen

$$\varDelta_{n-1}(p)=\begin{vmatrix} p & 0 & 0 & \ldots & 1 \\ 1 & p & 0 & \ldots & 0 \\ \vdots & & & & \\ 0 & 0 & \ldots & 1 & p \end{vmatrix}=p^{n-1}+(-1)^{n-2}=0 \quad (134)$$

Bestimmt sind also die Eigenschwingungen durch die Partialgleichungen

$$p=-e^{\frac{2ki\pi}{n-1}} \quad (k=0\ldots n-2),$$

daher

$$p=-\cos\frac{2k\pi}{n-1}-i\sin\frac{2k\pi}{n-1}.$$

Wegen (133) ist daher

$$1+bz+\left(\cos\frac{2k\pi}{n-1}+i\sin\frac{2k\pi}{n-1}\right)az=0 \quad . \; . \quad (135)$$

und führen wir den Wert (129) von z ein und ersetzen $i\alpha$ durch ν, so ist

$$\nu^2 LC+\nu\left(RC+bL+aL\cos\frac{2k\pi}{n-1}+iaL\sin\frac{2k\pi}{n-1}\right)$$
$$+1+bR+aR\cos\frac{2k\pi}{n-1}+iaR\sin\frac{2k\pi}{n-1}=0 \quad (136)$$

Es beeinflußt darnach die Rückkopplung an erster Stelle die Dämpfung der Eigenschwingungen. Im allgemeinen wird bei den Verstärkern dieser Art die Rückkopplung so eingestellt, daß eine der Eigenschwingungen eine sehr geringe Dämpfung hat. In unserem Schema ist zwar keine veränderliche Rückkopplung angenommen, aber man kann sich z. B. das a der letzten Röhre veränderlich denken. Jedenfalls geht aus der Gleichung (136) hervor, daß bei möglichst kleinem

$$RC+bL-aL$$

die Dämpfungen der Eigenschwingungen unter sich umsomehr verschieden sind, je nachdem $RC+bL$ größer ist; daraus folgt, weil entsprechend unserem früheren Resultate der Flächeninhalt der Resonanzkurve in bezug auf das Quadrat der Maximalamplitude möglichst klein sein muß, daß ein System mit geringer natürlicher Dämpfung einem solchen mit künstlich verringerter in bezug auf Störungsfreiheit überlegen ist. Die Rückkopplung ist also bei diesen Systemen schon bei Vernachlässigung der Krümmung der Charakteristiken nur ein mangelhafter Ersatz für geringe natürliche Dämpfung. Man kann schließlich die Frage stellen, ob sich nicht die Konstanten der verschiedenen Kreise so wählen lassen, daß alle Eigenschwingungen gleich sind. Man hätte dann ein System, das in bezug auf die Störungsfreiheit allen Bedingungen genügt, während der Übelstand der extremlosen Kopplung beseitigt wäre. Weil die Gleichheit aller Eigenschwingungen nicht erreichbar ist, wenn die komplexen Impedanzen zwischen A und B alle gleich sind, nehmen wir diese als verschieden an und bezeichnen sie mit $z_1, z_2 \ldots z_{n-1}$ und $i\alpha L_1 + R_1 + \frac{1}{i\alpha C_1}$ mit Z_1. Die Spannungen an den Kondensatoren lassen sich dann berechnen aus dem Gleichungssystem:

$$\left.\begin{array}{l} (1+bz_1)v_1 \qquad\qquad + az_1 v_{n-1} = \dfrac{E e^{i\alpha t}}{i\alpha C_1 Z_1} \\ az_2 v_1 + (1+bz_2)v_2 \qquad\qquad = 0 \\ \qquad \\ az_{n-2}v_{n-1} + (1+bz_{n-1})v_{n-1} = 0 \end{array}\right\} \quad (137)$$

Die Eigenschwingungen sind dann bestimmt durch die Gleichung

$$\frac{\prod\limits_{m=1}^{n-1}(1+bz_m)}{\prod\limits_{m=1}^{n-1} az_m} = (-1)^{n-1} \quad . \quad . \quad . \quad . \quad . \quad (138)$$

Wir müssen jetzt z_m so wählen, daß alle Eigenschwingungen gleich sind. Aber nur wenn $n = 3$, also bei zwei Kreisen, erhält man Gleichungen, die mit den üblichen Hilfsmitteln lösbar sind, und ihre Durchführung liegt außerhalb des Rahmens des vorliegenden Werkes.

---

6. Selektive Tonverstärkung.

Die Praxis hat gezeigt, daß sich mit abgestimmten Hochfrequenzverstärkern äußerst schwierig arbeiten läßt. Jedenfalls sind nicht immer alle vorher erwähnten Bedingungen bei den üblichen Verstärkern erfüllt, und so erklärt es sich, daß die Erfolge in bezug auf Störungsfreiheit bis jetzt nicht sehr groß waren.

Zur Vermeidung der Schwierigkeiten der Hochfrequenzverstärkung hat man die sogenannte selektive Tonverstärkung eingeführt, wobei man den Interferenzton durch ein durch Elektronenröhren gekoppeltes System von niederfrequenten Schwingungskreisen verstärkt. Manche behaupten auch, daß die Tonverstärkung bessere Resultate gibt als die Hochfrequenzverstärkung, doch ist vom mathematischen Standpunkte aus das Problem in beiden Fällen genau dasselbe. Wir setzen ein System von magnetisch gekoppelten Kreisen voraus und können uns ohne weiteres auf den Fall extremloser Kopplung beschränken. Die Verhältnisse sind hierbei insofern anders als bei Hochfrequenz, daß man die Dämpfungskonstante δ gegen die Kreisfrequenz ω nicht mehr vernachlässigen darf. Dadurch werden die Rechnungen ziemlich verwickelt, und wir wollen nur hier einen einfachen Fall annehmen, daß die Störung aus einer konstanten Kraft besteht, die zur Zeit $t=0$ zu wirken anfängt. Um unser bisheriges Rechnungsverfahren anwenden zu können, nehmen wir wieder als störende Kraft

$$E e^{-qt}$$

und setzen im Endresultate q gleich null.

Für die Störungsfreiheit in einem einzelnem Kreise finden wir dann entsprechend (5), wenn ω und δ Eigenfrequenz und Dämpfungskonstante, und ω_0 die Resonanzfrequenz darstellen

$$S_1 = \frac{\delta^2 + \omega^2}{2\delta} T = \frac{\omega_0^{\,2}\, T}{2\delta} \quad . \; . \; . \; . \; . \quad (139)$$

Zur Berechnung der Störungsenergie in dem letzten Kreise des gekoppelten Gebildes können wir wieder die Integralformel (115) benutzen. Weil die Kopplung auch jetzt extremlose sein soll, können wir setzen

$$U_{St} = \frac{2\delta k^{2n-2} E^2}{\pi L} \int_0^\infty \frac{\alpha^{4n-2} d\alpha}{\{\delta^2 + (\alpha - \omega)^2\}^n \{\delta^2 + (\alpha + \omega)^2\}^n (q^2 + \alpha^2)}.$$

Ist dann noch

$$\frac{\alpha - \omega}{\delta} = x - a$$

und q gleich null, dann ergibt sich:

$$U_{St} = \frac{2 k^{2n-2} E^2}{\pi L \delta^2} \int_0^\infty \frac{x^{4n-4} dx}{\{1 + (x-a)^2\}^n \{1 + (x+a)^2\}^n}$$

$$= \frac{k^{2n-2} E^2}{\pi L \delta^2} \int_{-\infty}^{+\infty} \frac{x^{4n-4} dx}{\{1 + (x-a)^2\}^n \{1 + (x+a)^2\}^n} \quad . \quad (140)$$

Das letzte Integral können wir mittels der Methode der Residue berechnen. Die Pole sind

$$x = a + i \qquad x = -a + i$$
$$x = a - i \qquad x = -a - i,$$

sie liegen also paarweise ober- und unterhalb der reellen Achse. Wir betrachten wieder die Kontur der Fig. 3. Es läßt sich leicht beweisen, daß das Integral längs dem Halbkreise mit unendlichem Radius gleich null ist, und so können wir das Integral (140) durch zwei Konturintegrale um die Punkte $a+i$ und $-a+i$ ersetzen. Die Pole sind jetzt aber keine einfachen, sondern beide von der Ordnung n. Daher benutzen wir die Formel (14)

$$\int_C \frac{\varphi(x)}{(x-a)^n} dx = 2\pi i \frac{1}{(n-1)!} \left. \frac{d^{n-1}\varphi(x)}{dx^{n-1}} \right|_{x=a}.$$

Für den Pol $a+i$ ist, abgesehen von einem Multiplikationsfaktor,

$$\varphi_1(x) = \frac{x^{4n-4}}{(x-a+i)^n \{1+(x+a)^2\}^n},$$

während für den Pol $-a+i$

$$\varphi_2(x) = \frac{x^{4n-4}}{\{1+(x-a)^2\}^n (x+a+i)^n}.$$

φ_1 und φ_2 setzen sich zusammen aus drei Faktoren und durch zweifache Anwendung der Leibnitzschen Formel:

$$\frac{d^m uv}{dx^m} = u \frac{d^m v}{dx^m} + m \frac{du}{dx} \frac{d^{m-1} v}{dx^{m-1}} + \frac{m(m-1)}{2!} \frac{d^2 u}{dx^2} \frac{d^{m-2} v}{dx^{m-2}} + \ldots.$$

können wir den Differentialquotienten von $\varphi_1(x)$ und $\varphi_2(x)$ als eine Summe von Produkten der Differentialquotienten der einzelnen Faktoren entwickeln. Es sind weiter

$$2\pi i \left. \frac{d^{n-1}\varphi_1(x)}{dx^{n-1}} \right|_{x=a+i} \quad \text{und} \quad 2\pi i \left. \frac{d^{n-1}\varphi_2(x)}{dx^{n-1}} \right|_{x=-a+i}$$

komplex konjugierte Größen, und wir brauchen somit nur einen dieser beiden Ausdrücke zu bestimmen und den reellen Teil mit zwei zu multiplizieren, um das gesuchte Resultat zu erhalten. Trotzdem ist die Bestimmung bei beliebigen n nicht einfach, und wir wollen uns daher mit der Betrachtung einiger besonderen Werte von n begnügen.

Zunächst setzen wir $n=1$, dabei müssen wir auf die Formel (139) zurückkommen und finden, daß dies wirklich so ist. Wenn

$n=2$, dann ist

$$U_{St}=\frac{2ik^2E^2}{L\delta^2}\left\{\frac{d}{dx}\frac{x^4}{\{1+(x+a)^2\}^2(x-a+i)^2}_{x=a+i}\right.$$
$$\left.+\frac{d}{dx}\frac{x^4}{\{1+(x-a)^2\}^2(x+a+i)^2}_{x=-a+i}\right\} \quad . \quad . \quad . \quad (141)$$

Setzen wir

$$x^4=u,\ \{1+(x+a)^2\}^{-2}=v,\ (x-a+i)^{-2}=w,$$

so ist wegen der Beziehung

$$\frac{d}{dx}uvw=uv\frac{dw}{dx}+uw\frac{dv}{dx}+vw\frac{du}{dx},$$

$$\frac{d}{dx}\frac{x^4}{\{1+(x+a)^2\}^2(x-a+i)^2}_{x=a+i}$$
$$=\frac{4(a+i)^4(2a+i)}{4i^2 64a^3(a+i)^3}+\frac{4(a+i)^3}{16a^2(a+i)^2 4i^2}-\frac{2(a+i)^4}{16a^3(a+i)^2 8i^3}$$
$$=\frac{-i}{2^6}+\text{reeller Teil} \quad . \quad . \quad . \quad . \quad . \quad . \quad . \quad . \quad . \quad . \quad . \quad . \quad (142)$$

Nach Multiplikation des imaginären Teiles mit 2 erhalten wir die Störungsenergie

$$U_{St}=\frac{k^2E^2}{16L\delta^2} \quad . \quad . \quad . \quad . \quad . \quad . \quad . \quad . \quad (143)$$

Es ist also die Störungsenergie unabhängig von $\frac{\delta}{\omega}$, aber umgekehrt proportional dem Quadrate der Dämpfungskonstante.

Die Signalenergie ist

$$RE^2\int_0^T i_2^2dt=RE^2\int_0^T\frac{\omega_0^2M^2}{R^4}\sin^2\omega_0 t\,dt=\frac{1}{16}\frac{\omega_0^2k^2E^2}{L\delta^3}T \quad (144)$$

und die Störungsfreiheit ist daher:

$$S_2=\frac{\omega_0^2T}{\delta}=\frac{\omega^2+\delta^2}{\delta}T \quad . \quad . \quad . \quad . \quad . \quad . \quad . \quad (145)$$

Es besteht also zwischen S_1 und S_2 genau dieselbe Beziehung, wie wenn die Frequenz so hoch ist, daß $\frac{\delta^2}{\omega^2}$ gegen 1 vernachlässigt werden kann.

Die Störungsenergie im letzten Kreise eines Systemes von drei Kreisen ist

$$U_{St}=\frac{k^4E^2}{\pi L\delta^2}\int_{-\infty}^{+\infty}\frac{x^8dx}{\{1+(x-a)^2\}^3\{1+(x+a)^2\}^3} \quad . \quad . \quad (146)$$

und bestimmen wir dieses Integral in der nämlichen Weise wie das von (140), so müssen wir die dem Ausdruck (142) entsprechende Größe

$$\frac{d^2}{dx^2}\frac{x^8}{\{1+(x+a)^2\}^3(x-a+i)^3}_{x=a+i} \quad . \quad . \quad . \quad . \quad (147)$$

in derselben Weise entwickeln wie vorher. Zur Abkürzung ersetzen wir wiederum die einzelnen Faktoren von (147) durch u, v und w. Es ist dann

$$\frac{d^2}{dx^2}u\,v\,w$$

$$=u\,v\frac{d^2w}{dx^2}+2\,u\frac{dv}{dx}\frac{dw}{dx}+uw\frac{d^2v}{dx^2}+2v\frac{du}{dx}\frac{dw}{dx}+2w\frac{du}{dx}\frac{dv}{dx}+vw\frac{d^2u}{dx^2}.$$

Wenn nun

$$u=x^8$$
$$v=\{1+(x+a)^2\}^{-3}$$
$$w=(x-a+i)^{-3},$$

so ist schließlich

$$\frac{d^2}{dx^2}u\,v\,w=-\frac{3\,i}{2^9}\frac{(a+i)^5}{a^3}+\frac{9}{2^{10}}\frac{(a+i)^4(2a+i)}{a^4}$$
$$+\frac{3}{2^{10}}\frac{i(a+i)^3(7a^2+7ai-2)}{a^5}-\frac{3}{2^6}\frac{(a+i)^4}{a^3}-\frac{3i}{2^6}\frac{(a+i)^3(2a+i)}{a^4}$$
$$+\frac{7i(a+i)^3}{2^6\,a^3} \quad . \quad . \quad . \quad . \quad . \quad (148)$$

Wenn wir den imaginären Teil dieses Ausdrucks berechnen, mit 2 multiplizieren und nach abnehmenden Potenzen von a ordnen, finden wir

$$-\frac{i}{2^9}\left(6a^2+14\right) \quad . \quad . \quad . \quad . \quad . \quad . \quad . \quad (149)$$

Daher

$$U_{St}=\frac{k^4E^2}{L\delta^2}\frac{1}{2^9}\left(6a^2+14\right)=\frac{k^4E^2}{L\delta^2}\frac{1}{2^9}\left(\frac{6\,\omega^2}{\delta^2}+14\right) \quad . \quad . \quad (150)$$

Die Signal-Energie ist:

$$RE^2\int_0^T i_S{}^2\,dt=RE^2\int_0^T\frac{\omega_0{}^4\,M^4}{R^6}\sin^2\omega_0t\,dt=\frac{1}{2^6}\frac{\omega_0{}^4k^4E^2}{L\,\delta^5}T \quad . \quad . \quad (151)$$

Die Störungsfreiheit ist somit:

$$\frac{U_S}{U_{St}}=\frac{4}{3}\frac{\omega_0{}^2\,T}{\left(1+\frac{4}{3}\frac{\delta^2}{\omega_0{}^2}\right)\delta} \quad . \quad . \quad . \quad . \quad . \quad (152)$$

Wenn ω so groß ist, daß $\frac{\delta^2}{\omega^2}$ gegen 1 vernachlässigt werden darf, dann geht (152) in die früher gefundene Formel (119) über. Vergleichen wir die Störungsfreiheit des einzelnen Kreises mit derjenigen des Dreikreissystems (vgl. 139), so finden wir

$$S_3 = S_1 \frac{8}{3} \frac{1}{1 + \frac{4}{3} \frac{\delta^2}{\omega_0{}^2}} \quad \ldots \ldots \ldots \quad (153)$$

Die Verbesserung der Störungsfreiheit ist also hier ein wenig geringer wie bei Hochfrequenz. Jedoch ist der Unterschied nicht sehr groß, denn wenn z. B. $\delta = 200$, d. h. die Dämpfung so groß ist, daß die Amplitude der freien Schwingungen sich nach $^1/_{200}$ Sekunde bis auf den $\frac{1}{e}$ten Teil des Anfangswertes vermindert, und der Resonanzton die Schwingungszahl 1000 besitzt, wird

$$\frac{\delta^2}{\omega^2} \cong 0{,}001,$$

so daß die Vernachlässigung gegen 1 noch unbedenklich erlaubt ist. Nur wenn der Resonanzton etwa bis 100 sinkt, wird das Verhältnis von S_3 zu S_1 wesentlich kleiner, die Verbesserung durch Anschaltung des 2. und 3. Kreises also geringer.

---

7. Umformung des Ausdruckes für die Stromstärke.

Für einige Fälle dürfte ein übersichtbarerer Ausdruck für die Stromstärke, als die Formel (107) ihn bietet, von Nutzen sein:

Wir hatten schon gesehen, daß

$$\Delta_{1m}(i\alpha) = (z_3)^{n-1} \Delta_{1m}(p),$$

daher, wenn $z_3 = i\alpha M$ und die Störung Ee^{-qt}, ist

$$i_m = \frac{E}{2\pi} \int_{-\infty}^{+\infty} \frac{1}{i\alpha M} \frac{\Delta_{1m}(p)}{\Delta_n(p)} \frac{e^{i\alpha t}}{q + i\alpha} d\alpha$$

$$= \frac{E}{2\pi} \int_{-\infty}^{+\infty} \frac{1}{i\alpha M} \frac{\sin(n - m + 1)\Theta}{\sin(n + 1)\Theta} \frac{e^{i\alpha t}}{q + i\alpha} d\alpha.$$

Das Residu zum Pole $\alpha = iq$ ist

$$\frac{E}{2\pi i} \frac{1}{-qM} \frac{\Delta_{1m}(-q)}{\Delta_n(-q)} e^{-qt} \quad \ldots \ldots \quad (154)$$

und dieses Residu entspricht der erzwungenen Bewegung. Die den Eigenschwingungen entsprechenden Residue sind die, welche zu den Polen $\Theta_k = \frac{k\pi}{n+1}$ gehören.

Die sind gegeben durch die Gleichungen

$$R_m(\alpha_k) = \frac{E}{2\pi i \alpha_k M} \operatorname*{Lim}_{\alpha=\alpha_k} (\alpha - \alpha_k) \frac{e^{i\alpha_k t} \sin(n-m+1)\Theta}{\sin(n+1)\Theta\,(q+i\alpha)}$$

$$= \frac{E}{2\pi i \alpha_k M} \frac{e^{i\alpha_k t} \sin(n-m+1)\Theta_k}{q+i\alpha_k} \operatorname*{Lim}_{\Theta=\Theta_k} (\Theta - \Theta_k) \frac{1}{\sin(n+1)\Theta} \frac{d\alpha}{d\Theta}.$$

Es ist aber

$$\operatorname*{Lim}_{\Theta=\Theta_k} \frac{\Theta-\Theta_k}{\sin(n+1)\Theta} = \operatorname*{Lim}_{\Theta=\Theta_k} \frac{\Theta-\Theta_k}{\sin(n+1)(\Theta_k+\Theta-\Theta_k)} = \frac{1}{(n+1)(-1)^k}.$$

Weiter ist

$$2\cos\Theta = \frac{i\alpha L + R + \frac{1}{i\alpha C}}{i\alpha M},$$

also

$$\frac{d\alpha}{d\Theta}_{\Theta_k} = -\frac{2MC\alpha_k^3}{2+i\alpha_k RC} \sin\frac{k\pi}{n+1},$$

und ersetzen wir $i\alpha_k$ durch ν_k, so bekommen wir unter Vernachlässigung der erzwungenen Bewegung und Änderung des Vorzeichens

$$i_m = -\Sigma R_m(\alpha_k) = \Sigma R_m(\nu_k)$$

$$= \frac{2EC}{n+1} \sum_{k=1}^{k=n} (-1)^{k+1} \sin\frac{k\pi}{n+1} \sin(n-m+1)\frac{k\pi}{n+1} \left(\frac{\nu_k^2 e^{\nu_k t}}{(2+\nu_k RC)(q+\nu_k)} + \frac{\nu_k^{*2} e^{\nu_k^* t}}{(2+\nu_k^* RC)(q+\nu_k^*)} \right) \quad (155)$$

Dieser Ausdruck ist noch zu unübersichtlich, und wir wollen ihn deshalb umformen. Eine merkwürdige Eigenschaft ist aber diesem Ausdrucke zu entnehmen, daß im m^{ten} Kreise diejenigen Eigenschwingungen fehlen, deren Ordnungszahl k der Bedingung genügt, daß

$$\frac{k(n-m+1)}{n+1}$$

eine ganze Zahl ist. Wenn $n+1$ sich aus zwei oder mehreren Faktoren zusammensetzt, fehlen also immer einige Eigenschwingungen, nur im letzten Kreise kommen sie immer alle vor.

Um (155) zu vereinfachen, bemerken wir, daß ν_k eine Funktion von $\cos\frac{k\pi}{n+1}$ ist, wie aus (110) ersichtlich.

Es ist also

$$i_m = \frac{2EC}{n+1}\sum_{k=1}^{n}(-1)^{k+1}\sin\frac{k\pi}{n+1}\sin(n-m+1)\frac{k\pi}{n+1}f\left(\cos\frac{k\pi}{n+1}\right)$$

$$= \frac{2EC}{n+1}\sum_{k=1}^{n}(-1)^{k+1}\sin\frac{k\pi}{n+1}\sin(n-m+1)\frac{k\pi}{n+1}\times$$

$$\times\left\{\frac{1}{2}b_0+\sum_{r=1}^{\infty}b_r\cos\frac{rk\pi}{n+1}\right\} \quad . \quad . \quad (156)$$

Das allgemeine Glied dieser Reihe ist

$$\frac{2EC}{n+1}b_r\sum_{k=1}^{n}(-1)^{k+1}\sin\frac{k\pi}{n+1}\sin(n-m+r)\frac{k\pi}{n+1}\cos\frac{rk\pi}{n+1}$$

$$= \frac{2EC}{n+1}b_r\sum_{k=1}^{n}(-1)^{k+1}\frac{1}{4}\left\{\cos(n-m+r)\frac{k\pi}{n+1}\right.$$

$$-\cos(n-m+r+2)\frac{k\pi}{n+1}+\cos(n-m-r)\frac{k\pi}{n+1}$$

$$\left.-\cos(-n+m+r-2)\frac{k\pi}{n+1}\right\} \quad . \quad . \quad . \quad . \quad . \quad . \quad . \quad . \quad (157)$$

Das sind vier Glieder von der Form

$$\sum_{k=1}^{n}(-1)^{k+1}\cos\frac{sk\pi}{n+1}=\frac{1}{2}\Sigma(-1)^{k+1}e^{\frac{isk\pi}{n+1}}+\frac{1}{2}\Sigma(-1)^{k+1}e^{\frac{-isk\pi}{n+1}}$$

und daraus wird, wenn man die beiden Summen als geometrische Reihen betrachtet:

$$\Sigma(-1)^{k+1}\cos\frac{sk\pi}{n+1}=\frac{1}{2}\{1+(-1)^{n+s+1}\}.$$

Eine Ausnahme bilden die Werte

$$s=n+1, \qquad 3\,(n+1),$$

usw., und es ist dann die Summe gleich $-n$.

Setzen wir

$$\frac{1}{2}\left\{1+(-1)^s\right\}=A\,(s),$$

so ist der Koeffizient von b_r, abgesehen vom Multiplikationsfaktor $\frac{2\,EC}{n+1}$, gleich:

$$\frac{1}{4}\Big(-A(n-m+r+2)+A(n-m+r)+A(-n+m+r)$$

$$-A(-n+m+r-2)\Big)=0 \quad . \quad . \quad . \quad . \quad . \quad . \quad . \quad (158)$$

solange keiner der Exponente gleich $n+1$ oder einem ungraden Vielfachen von $n+1$ ist.

Wenn aber z. B.

$$n-m+r+2=n+1,$$

so ist der Koeffizient von b_{m-1} gleich $\frac{1}{4}(n+1)$ und

$$i_m = \frac{EC}{2}\left(b_{m-1} - b_{m+1} - b_{2n-m+1} + b_{2n-m+3} + b_{2n+m+1} - b_{2n+m+3} \ldots\ldots\right) \quad (159)$$

Wegen der Definition der b als Koeffizienten einer Kosinusreihe wird die Endformel:

$$i_m = \frac{EC}{\pi}\int_0^{\pi} f(\cos x)\left(\cos(m-1)\,x - \cos(m+1)\,x - \ldots\ldots\right) dx \quad (160)$$

wobei, wenn ω und δ Frequenz und Dämpfungskonstante vor der Kopplung bedeuten

$$f(x) = \frac{\omega^2 \nu_x^2 e^{\nu_x t}}{2(\omega^2 + \nu_x \delta)(q + \nu_x)} + \frac{\omega^2 \nu_x^{*2} e^{\nu_x^* t}}{2(\omega^2 + \nu_x^* \delta)(q + \nu_x^*)},$$

und

$$\nu_x = -\frac{\delta}{1-2k\cos x} + i\sqrt{\frac{\omega^2}{1-2k\cos x} - \frac{\delta^2}{(1-2k\cos x)^2}}$$

---

8. Differentialschaltungen.

Sehr nahe verwandt mit den gekoppelten Empfangsgebilden sind die sogenannten Differentialschaltungen, wobei im einfachsten Falle zwei Antennen verwendet werden, deren eine auf die Signalfrequenz, deren andere auf eine ein wenig abweichende Frequenz abgestimmt ist. Die von dem Strahlungsfelde den beiden Antennen induzierten elektromotorischen Kräfte sind gleich, und existiert keine gegenseitige Kopplung, so sind die Differentialgleichungen für die Spannungen v_1 und v_2

$$\left.\begin{aligned} L_1 C_1 \frac{d^2 v_1}{dt^2} + R_1 C_1 \frac{dv_1}{dt} + v_1 &= E e^{-qt} \\ L_2 C_2 \frac{d^2 v_2}{dt^2} + R_2 C_2 \frac{dv_2}{dt} + v_2 &= E e^{-qt} \end{aligned}\right\} \quad \ldots \quad (161)$$

In den üblichen Schaltungsanordnungen sind die beiden Antennen mit einem dritten Kreise entgegengesetzt gekoppelt. Es sollen dann, weil die Störungen in den beiden Antennen nahezu die gleiche Intensität besitzen, die Signalstärken aber bei einer geringen Verstimmung schon sehr verschieden sind, im dritten Kreise die Störungen einander ausbalanzieren, während das Signal erhalten bleibt. Weil der dritte Kreis ein Kopplungsglied zwischen den beiden Antennen bildet, wollen wir eine extremlose Kopplung voraussetzen, da sonst die beiden Antennen durch Vermittlung des dritten Kreises starke Wirkungen aufeinander ausüben können. Bei den angenommenen Verhältnissen kommt natürlich in dem dritten Kreise eine elektromotorische Kraft zur Wirkung, die mit der Spannungsdifferenz $v_1 - v_2$ in einfacher Weise zusammenhängt. Die Größe $v_1 - v_2$ wollen wir daher als neue Variabele einführen. Wenn wir die beiden Gleichungen einerseits addieren und anderseits voneinander abziehen, so bekommen wir, wenn $v_1 + v_2 = v_3$, $v_1 - v_2 = v_4$ gesetzt wird:

$$\left.\begin{array}{l} \frac{1}{2}(L_1 C_1 + L_2 C_2)\frac{d^2 v_3}{dt^2} + \frac{1}{2}(R_1 C_1 + R_2 C_2)\frac{d v_3}{dt} \\ + v_3 + \frac{1}{2}(R_1 C_1 - R_2 C_2)\frac{d v_4}{dt} + \frac{1}{2}(L_1 C_1 - L_2 C_2)\frac{d^2 v_4}{dt^2} = 2 E e^{-qt}, \\ \frac{1}{2}(L_1 C_1 + L_2 C_2)\frac{d^2 v_4}{dt^2} + \frac{1}{2}(R_1 C_1 + R_2 C_2)\frac{d v_4}{dt} \\ + v_4 + \frac{1}{2}(R_1 C_1 - R_2 C_2)\frac{d v_3}{dt} + \frac{1}{2}(L_1 C_1 - L_2 C_2)\frac{d^2 v_3}{dt^2} = 0 \end{array}\right\} \quad (162)$$

Es sind dies die Gleichungen zweier gekoppelter Kreise mit genau denselben elektrischen Konstanten. Wenn

$$R_1 C_1 = R_2 C_2,$$

ist die Kopplung magnetisch, in allen anderen Fällen aber, weil die Resonanzfrequenzen ein wenig verschieden angenommen wurden, galvanisch und magnetisch. Die Art der Kopplung hat aber, solange mit extremloser Kopplung gearbeitet wird, keinen erheblichen Einfluß, und so können wir die früher beim gekoppelten Empfänger gefundenen Resultate unmittelbar auf den jetzigen Fall übertragen. Ein großer Vorzug dieser Anordnung besteht darin, daß die früher gefundene Bedingung, die Eigenschwingungen der beiden Kreise müssen vor der Kopplung gleich sein, automatisch erfüllt ist. Dagegen kann die Beseitigung der gegenseitigen Kopplung, die wir als null angenommen haben, erheblich schwierig sein. Es wurden zwar verschiedene Anordnungen vorgeschlagen, um zwei Gebilde zu „entkoppeln", aber es ist fraglich, ob eine vollkommene Entkopplung damit erreichbar ist. Wenn dies aber nicht möglich ist, so bleiben doch unsere Betrachtungen im wesentlichen gültig. Es sind dann die Gleichungen (161) etwa so abzuändern

$$\left.\begin{array}{l} a_1 \ddot{v}_1 + b_1 \dot{v}_1 + v_1 + c \ddot{v}_2 + d \dot{v}_2 + e v_2 = E e^{-qt} \\ a_2 \ddot{v}_2 + b_2 \dot{v}_2 + v_2 + c \ddot{v}_1 + d \dot{v}_1 + e v_1 = E e^{-qt} \end{array}\right\} \quad . \quad . \quad (163)$$

daher, nach Einführung der neuen Variabelen v_3 und v_4

$$\left.\begin{aligned}\frac{a_1+a_2+2c}{2}\ddot{v}_3+\frac{b_1+b_2+2d}{2}\dot{v}_3+(1+e)v_3+\frac{a_1-a_2}{2}\ddot{v}_4\\+\frac{b_1-b_2}{2}\dot{v}_4=2Ee^{-qt}\\\frac{a_1+a_2+2c}{2}\ddot{v}_4+\frac{b_1+b_2+2d}{2}\dot{v}_4+(1+e)v_4+\frac{a_1-a_2}{2}\ddot{v}_3\\+\frac{b_1-b_2}{2}\dot{v}_3=0\end{aligned}\right\}\quad(164)$$

Dies sind wiederum die Gleichungen zweier gleichen gekoppelten Schwingungskreise, wie sie auch ursprünglich gewählt sind. Verbesserung der Störungsfreiheit läßt sich aber nur dann erreichen, wenn die Kopplungskoeffizienten $\frac{a_1-a_2}{2}$ und $\frac{b_1-b_2}{2}$ sehr klein, also die Kreise nahezu gleich sind. In ähnlicher Weise kann man beweisen, daß jedes System von Antennen und daran gekoppelten Kreisen durch ein gekoppeltes Gebilde ersetzt werden kann, bei dem nur einer der Kreise der direkten Wirkung des Strahlungsfeldes ausgesetzt ist. Dabei müssen aber alle Antennen an derselben Stelle angeordnet sein. Sobald die gegenseitigen Abstände der Antennen gegenüber der Wellenlänge des Signales eine Rolle spielen, bekommt man ganz andere Systeme, die wir bei der Besprechung des Richtempfanges behandeln werden.

Statt die Antennen in der vorbeschriebenen Weise mit einem dritten Kreise zu koppeln, kann man natürlich auch die Ströme der beiden Antennen gesondert auf ein Thermoelement wirken lassen und die dadurch erzeugten elektromotorischen Kräfte entgegengesetzt auf ein Gleichstrominstrument wirken lassen. Dadurch kann man besonders die starken Störungen ausgleichen.

---

9. Eine von Pupin und Armstrong vorgeschlagene Antistörungsschaltung.

Im Laufe der Entwicklung der drahtlosen Telegraphie wurden zahlreiche Patentschriften in bezug auf Schaltungsanordnungen ausgegeben, welche, mit Ausnahme derjenigen für Richtungsempfang, nach den oben entwickelten theoretischen Gesichtspunkten keinen Erfolg versprechen und tatsächlich auch erfolglos blieben. Im allgemeinen wurden die Eigenschwingungen nicht genügend berücksichtigt, und die oft sehr verwickelten Schaltungspläne sind ausnahmslos durch eine ziemlich einfache Analyse auf gekoppelte

Gebilde zurückzuführen. Wir wollen die vorgeschlagenen Schaltungen hier nicht mehr im einzelnen untersuchen, da die allgemeinen Betrachtungen des 2. Kapitels vollkommen genügen, um die Mißerfolge dieser Anordnung zu erklären. Nur die in der amerikanischen Patentschrift 1334165 von Pupin und Armstrong vorgeschlagenen Anordnungen (vgl. auch holländische Patentschrift Nr. 9835) untersuchen wir, weil hier der Zusammenhang mit den älteren nicht sofort klar ist. Die Erfinder schlagen zunächst ein Empfanggebilde vor, das einen großen Ohmschen Widerstand für alle Frequenzen mit Ausnahme eines beschränkten Gebietes besitzt, das zum Empfang benutzt werden soll. In einer Weiterbildung dieses Gebildes versuchen sie nach einem neuen Prinzip eine Anordnung zu schaffen, die wohl für lang andauernde elektromotorische Kräfte, aber nicht für kurze Stöße empfindlich ist. Sie setzen dabei voraus, daß die atmosphärischen Störungen hauptsächlich aus kurzen, aperiodischen oder

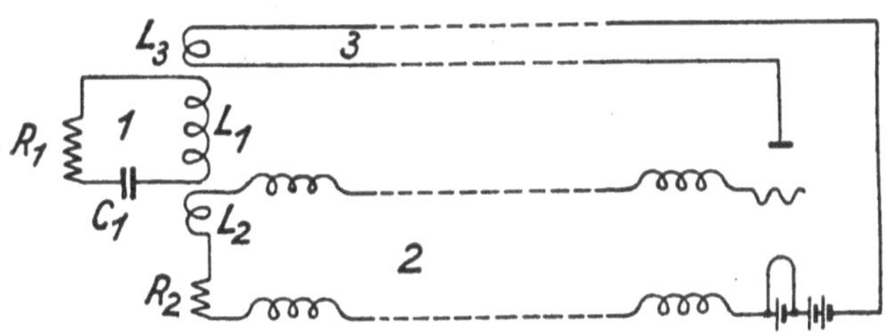

Fig. 8.

periodischen Wellenzügen bestehen, und wollen in dieser Richtung den Empfänger für Störungen unempfindlich machen. Um den erstgenannten Zweck zu erreichen, soll die Antenne einen großen Widerstand erhalten, welcher durch eine Elektronenröhre in Rückkopplungsschaltung für eine bestimmte Frequenz kompensiert wird. Die Unempfindlichkeit für kurze Stöße erstreben sie dadurch, daß sie zwischen die Empfangsantenne und die Röhre einen künstlichen Leiter schalten, der eine Verzögerung der Rückkopplungswirkung zur Folge hat. In Fig. 8 ist das Schaltungsschema für einen einfachen Fall dargestellt. Der Antennenwiderstand R_1 ist sehr groß, so daß diese nahezu aperiodisch ist. Der künstliche Leiter ist mit 2 und die Rückkopplungsleitung mit 3 angedeutet. In 2 nehmen wir eine Kopplungsselbstinduktion L_2, einen Widerstand R_2 und weiter zur Vereinfachung an, daß der Leiter 2 selbst widerstandslos ist. Die verteilte Kapazität und Selbstinduktion pro Längeneinheit seien C und L. Die verteilte Kapazität und Selbstinduktion in 3 übergehen wir und setzen eine so lose Kopplung voraus, daß die Rückwirkung von 2 auf 1 und von 1 auf 3 vernachlässigt werden kann. Die Gesamtlänge des künstlichen Leiters sei l, und der Widerstand R_2 liege im Punkte $x=0$. Die Gleichung für die Stromstärke in der Antenne ist dann, sobald irgend eine Störungswelle $E(t)$ die Antenne trifft

$$\frac{dE}{dt} - L_1 \frac{d^2 i_1}{dt^2} - R_1 \frac{d i_1}{dt} - \frac{i_1}{C_1} - M_{13} \frac{d^2 i_3}{dt^2} = 0 \quad . \quad . \quad (165)$$

Die Gleichung für i_3 ist, wenn der Plattenstrom der Röhre als lineare Funktion der Gitter und Anodenspannung v_g und v_p angenommen wird:

$$i_a = i_3 = a\,v_g + b\,v_p = a\,v_g - b\,L_3 \frac{d i_3}{dt},$$

also

$$i_3 + b\,L_3 \frac{d i_3}{dt} = a\,v_g = a\,v_2(l) \quad . \quad . \quad . \quad . \quad . \quad . \quad . \quad (166)$$

Die Stromstärke $i_2(x)$ im Abstande x vom Anfang des künstlichen Leiters ist mit der Spannung $v_2(x)$ in demselben Punkte durch die bekannten Kabelgleichungen verknüpft

$$\left.\begin{aligned} C\frac{\partial v_2(x)}{\partial t} &= - \frac{\partial i_2(x)}{\partial x} \\ \frac{\partial v_2(x)}{\partial x} &= - L \frac{\partial i_2(x)}{\partial t} \end{aligned}\right\} \quad . \quad . \quad . \quad . \quad . \quad . \quad (167)$$

während am Anfangspunkte sein muß

$$M_{12} \frac{d i_1}{dt} - v_2(0) - L_2 \frac{d i_2(0)}{dt} - R_2\, i_2(0) = 0 \quad . \quad . \quad (168)$$

und am Ende

$$i_2(l) = 0 \quad . \quad . \quad . \quad . \quad . \quad . \quad . \quad . \quad . \quad . \quad (169)$$

Wir wollen die komplexe Integrationsmethode wieder anwenden und berechnen zunächst die Stromstärken in der Annahme, daß die einfallende Störungswelle einfach periodisch ist. Wir können dann $\frac{d}{dt}$ und $\frac{\partial}{\partial t}$ ersetzen durch $i\alpha$ und erhalten die folgenden Gleichungen:

$$\left.\begin{aligned} &1.\quad z_1 i_1 + i\alpha M_{31} i_3 = E e^{i\alpha t} \\ &2.\quad i\alpha M_{12} i_1 = z_2 i_2(0) + v_2(0) \\ &3.\quad i\alpha L i_2(x) + \frac{\partial v_2(x)}{\partial x} = 0 \\ &4.\quad i\alpha C v_2(x) + \frac{\partial i_2(x)}{\partial x} = 0 \\ &5.\quad i_2(l) = 0 \\ &6.\quad (1 + i\alpha L_3 b)\, i_3 = a\, v_2(l) \end{aligned}\right\} \quad . \quad . \quad . \quad . \quad (170)$$

wenn

$$z_1 = i\alpha L_1 + R_1 + \frac{1}{i\alpha C_1},$$

und

$$z_2 = i\alpha L_2 + R_2.$$

Zur Integration dieses Systems betrachten wir zunächst die beiden Gleichungen (3) und (4) für i_2 und v_2.

Wir setzen

$$i_2(x) = J_2(x)\, e^{i\alpha t}, \quad v_2(x) = V_2(x)\, e^{i\alpha t},$$

J_2 und V_2 sind dann Funktionen von x allein, und wir erhalten

$$\left.\begin{aligned} i\alpha L J_2(x) + \frac{dV_2}{dx} &= 0 \\ i\alpha C V_2(x) + \frac{dJ_2}{dx} &= 0 \end{aligned}\right\} \quad \ldots\ldots \quad (171)$$

Das allgemeinste Integral ist

$$J_2(x) = A\, e^{i\alpha\sqrt{LC}x} + B\, e^{-i\alpha\sqrt{LC}x}$$

$$V_2(x) = -A\sqrt{\frac{L}{C}}\, e^{i\alpha\sqrt{LC}x} + B\sqrt{\frac{L}{C}}\, e^{-i\alpha\sqrt{LC}x},$$

und unter Berücksichtigung der Bedingungsgleichung (5) ist

$$J_2(x) = A\left(e^{i\alpha\sqrt{LC}x} - e^{i\alpha\sqrt{LC}(2l-x)}\right)$$

$$V_2(x) = -A\sqrt{\frac{L}{C}}\left(e^{i\alpha\sqrt{LC}x} + e^{i\alpha\sqrt{LC}(2l-x)}\right).$$

Aus (6) folgt jetzt

$$i_3 = -\frac{2\alpha A\sqrt{\frac{L}{C}}}{1 + i\alpha L_3 b}\, e^{i\alpha l\sqrt{LC}}\, e^{i\alpha t}.$$

Die Substitution von i_3 in (1), von $i_2(0)$ und $v_2(0)$ in (2) ergibt die beiden Gleichungen:

$$z_1 i_1 - \frac{2\alpha A i\alpha M_{31}\sqrt{\frac{L}{C}}}{1 + i\alpha L_3 b}\, e^{i\alpha l\sqrt{LC}}\, e^{i\alpha t} = E e^{i\alpha t}$$

$$i\alpha M_{12} i_1 - \left\{z_2 A\left(1 - e^{2i\alpha l\sqrt{LC}}\right) - A\sqrt{\frac{L}{C}}\left(1 + e^{2i\alpha l\sqrt{LC}}\right)\right\} e^{i\alpha t} = 0,$$

und durch Elimination von A aus diesen beiden Gleichungen bestimmen wir schließlich i_1. Es ist dann, wenn wir zur Abkürzung setzen,

$$z_2\sqrt{\frac{C}{L}}\left(1 - e^{2i\alpha l\sqrt{LC}}\right) - 1 - e^{2i\alpha l\sqrt{LC}} = X$$

und
$$\frac{2a\alpha^2 M_{12} M_{31}}{1+i\alpha b L_3} = z,$$

$$i_1 = \frac{E X e^{i\alpha t}}{z e^{i\alpha l\sqrt{LC}} + z_1 X} \quad \ldots \ldots \quad (172)$$

Wir betrachten zunächst den Fall $L = C = 0$, und haben dann eine gewöhnliche Rückkopplungsschaltung. Es ist dann

$$X = -2,$$

und
$$i_1 = \frac{E e^{i\alpha t}}{z_1 - \dfrac{a\alpha^2 M_{12} M_{31}}{1+i\alpha b L_3}}.$$

Offenbar weicht die Resonanzkurve ein wenig von der normalen ab, wegen des Auftretens von α^2 im Zähler. Trennen wir den imaginären Teil von dem reellen Teil im Zähler, dann ist

$$i_1 = \frac{E e^{i\alpha t}}{i\left(\alpha L_1 - \dfrac{1}{\alpha C_1} + \dfrac{a\alpha^3 M_{12} M_{31} b L_3}{1+\alpha^2 b^2 L_3^2}\right) + R_1 - \dfrac{a\alpha^2 M_{12} M_{31}}{1+\alpha^2 b^2 L_3^2}} \quad (173)$$

und wir können somit die ganze Anordnung als einen einzigen Kreis auffassen, dessen Widerstand und Selbstinduktion mit der Frequenz sich ändern. Der Widerstand ist durch den reellen Teil des Zählers bestimmt, und tatsächlich kann dieser für eine bestimmte Frequenz ein Minimum haben, was am besten hervortritt, wenn man statt der Selbstinduktion L_3 eine geeignete Impedanz in den Anodekreis der Röhre aufnimmt. Bei geeigneter Wahl der Kopplung und der Konstanten des Kreises erhält man eine scharf ausgeprägte Resonanzfrequenz. Andererseits kann man aber auch i_1 schreiben in der Form

$$i_1 = \frac{E(1+i\alpha b L_3)e^{i\alpha t}}{z_1(1+i\alpha b L_3) - a\alpha^2 M_{12} M_{31}}$$
$$= \frac{i\alpha(1+i\alpha b L_3) K e^{i\alpha t}}{(i\alpha - \nu_1)(i\alpha - \nu_2)(i\alpha - \nu_3)} \quad \ldots \quad (174)$$

Weil die Gleichung

$$z_1(1+i\alpha b L_3) - a\alpha^2 M_{12} M_{31} = 0$$

als Gleichung in $i\alpha$ betrachtet nur reelle Koeffizienten besitzt, so sind zwei der Wurzeln ν komplex konjugiert, und die dritte ist reell oder alle drei Wurzeln sind reell. Die letzte Möglichkeit lassen wir außer Betracht und haben nun offenbar ein System, das nicht erheblich von den bis jetzt behandelten Gebilden abweicht. Das Verhältnis der Signalamplitude zur Amplitude der durch eine beliebige Störung erregten Eigenschwingungen ist, wie im früher behandelten Falle eines beliebigen gekoppelten Gebildes, unabhängig von der Schaltungseinrichtung. Der erste Vorschlag der beiden Erfinder kann also nicht zum Ziele führen.

Aber auch die Verzögerung der Rückkopplungswirkung vermag nicht die beabsichtigte Wirkung hervorzubringen. Eine strenge Diskussion der Gleichung (172) ist sehr schwer, aber man kann sie dadurch vermeiden, daß man einen vierten Kreis mit geringer Dämpfung extrem lose koppelt mit 1.

Die Stromstärke in diesem Kreise ist dann, wenn M der gegenseitige Induktionskoeffizient ist und $L_4 C_4 R_4$ die Konstanten des vierten Kreises darstellen,

$$i_4 = \frac{i\alpha M i_1}{i\alpha L_4 + R_4 + \frac{1}{i\alpha C_4}}$$

$$= \frac{-\alpha^2 M E X e^{i\alpha t}}{L_4(i\alpha - \nu_4)(i\alpha - \nu_4^*)\left(z e^{i\alpha l\sqrt{LC}} + z_1 X\right)}$$

Der durch eine beliebige Störung erzeugte Strom ist also

$$i_4 = \frac{1}{2\pi}\int_{-\infty}^{+\infty} \frac{-\alpha^2 M E X}{L_4(i\alpha - \nu_4)(i\alpha - \nu_4^*)\left(z e^{i\alpha l\sqrt{LC}} + z_1 X\right)} \varphi(\alpha) e^{i\alpha t} d\alpha.$$

Hierauf können wir die Betrachtung vom 7. Abschnitt des I. Kapitels anwenden, und wählen wir die Dämpfung des letzten Kreises genügend klein in bezug auf die Dämpfungen der Eigenschwingungen des Gebildes 1, 2, 3, so bekommen wir für die Störungsenergie die alte Formel (55).

Die angestrebte Verzögerung der Rückkopplungswirkung kommt anscheinend in der Formel (172) nicht zum Ausdruck, wir können diese aber entwickeln in der Form.

$$\frac{E}{z_1}\left(1 - \frac{z e^{i\alpha l\sqrt{LC}}}{z_1 X} + \frac{z^2 e^{2i\alpha l\sqrt{LC}}}{z_1^2 X^2} - \dots\dots\right).$$

Ist dann die einfallende Störung wieder $E e^{-qt}$, dann ist

$$i_1 = \frac{E}{2\pi}\int_{-\infty}^{+\infty} \frac{e^{i\alpha t} d\alpha}{(q + i\alpha) z_1}\left(1 - \frac{z e^{i\alpha l\sqrt{LC}}}{z_1 X} + \frac{z^2 e^{2i\alpha l\sqrt{LC}}}{z_1^2 X^2} - \dots\dots\right) \quad (175)$$

Der erste Teil dieses Integrales gibt den Strom an, der im Kreise 1 entstehen würde, wenn dieser allein vorhanden wäre.

X können wir schreiben als

$$z_2\sqrt{\frac{C}{L}} - 1 - \left(z_2\sqrt{\frac{C}{L}} + 1\right) e^{2i\alpha l\sqrt{LC}},$$

und weil der Modulus des ersten Gliedes kleiner als der des zweiten Gliedes ist, wird

$$\frac{1}{X} = -\frac{e^{-2i\alpha l\sqrt{LC}}}{z_2\sqrt{\frac{C}{L}}+1}\left(1+\frac{z_2\sqrt{\frac{C}{L}}-1}{z_2\sqrt{\frac{C}{L}}+1}e^{-2i\alpha l\sqrt{LC}}+\ldots\ldots\right).$$

Somit ist, wenn wir $\frac{z_2\sqrt{\frac{C}{L}}-1}{z_2\sqrt{\frac{C}{L}}+1}$ abkürzen zu A,

$$\int_{-\infty}^{+\infty}\frac{z\,e^{i\alpha l\sqrt{LC}}e^{i\alpha t}d\alpha}{(q+i\alpha)z_1^2X}$$

$$= -\int_{-\infty}^{+\infty}\frac{z\,e^{i\alpha(t-l\sqrt{LC})}d\alpha}{(q+i\alpha)z_1^2\left(z_2\sqrt{\frac{C}{L}}+1\right)}\left(1+Ae^{-2i\alpha l\sqrt{LC}}+\ldots\right) \tag{176}$$

Das erste Glied dieser Reihenentwicklung ist aber gleich null für Werte von t, die kleiner sind als $l\sqrt{LC}$, während das zweite Glied null ist für Werte von $t < 3\,l\sqrt{LC}$ usw. Bekanntlich bedeutet aber $\frac{1}{\sqrt{LC}}$ die Fortpflanzungsgeschwindigkeit einer Gleichgewichtsstörung längs dem künstlichen Leiter 2, und $l\sqrt{LC}$ die Zeit, innerhalb der die in 1 empfangene Störung an das Ende des künstlichen Leiters und dann über den Anodenkreis der Röhre gelangt, die keine weitere Verzögerung verursacht, um dann wieder von neuem auf den Kreis 1 einzuwirken. Die weiteren Glieder der Reihe (176) entsprechen Störungswellen, die bei $x = l$ reflektiert und dann bei $x = 0$ zurückkommen, sie werden wiederum reflektiert und am Ende l teilweise reflektiert und teilweise an den Anodenkreis weitergegeben. Das ganze Spiel der an den Enden reflektierten Wellen läßt sich also aus dieser Entwicklung ablesen. In ähnlicher Weise ist auch das dritte Glied von (175) zu deuten. Dies ist null, solange $t < 2l\sqrt{LC}$, und das Glied bedeutet die Störung, die in 1 dadurch erregt wird, daß die vom ersten Wellenzug in 1 erzeugte Störung aufs neue an den künstlichen Leiter 2 übertragen wird und über die Röhre wieder auf den Kreis 1 wirkt.

Nach der Formel (175) kann man den Aufbau des Stromes in 1 aus einer unendlichen Zahl von reflektierten Wellen genau verfolgen. Qualitativ kommt man natürlich zu demselben Ergebnis auf Grund der Erfahrung, daß eine Welle sich in einer gewissen Zeit längs dem Leiter 2 fortpflanzt und am Anfang und Ende Reflektion auftritt. Durch die obige Betrachtung ergibt sich aber ein direkter Zusammenhang zwischen dem Fourierintegrale und den wirklichen physischen Vorgängen.

---

10. Beziehung zwischen Dämpfung und Signalgeschwindigkeit.

Bis jetzt haben wir vorausgesetzt, daß infolge der großen Dämpfung der betrachteten Kreise die Zeit, in der der Endwert des Stromes erreicht wird, klein gegen die Dauer eines Signales ist und demzufolge die Signalenergie proportional der Dauer des Signales ausfällt. Wenn aber die Dämpfung sehr gering und die Signalgeschwindigkeit groß ist, trifft diese Voraussetzung nicht mehr zu, und es kann vorkommen, daß die Zeitdauer eines Morsezeichens, eines Punktes z. B., nicht groß genug ist, damit der Signalstrom seinen vollen Endwert erreicht. Auch tritt dann das unangenehme Nachschwingen auf, wie man es oft beim Hörempfang mit Dämpfungsreduktion beobachtet. Natürlich darf ein neues Zeichen erst anfangen, nachdem das vorhergehende aufgehört, und die eingetretene Eigenschwingung genügend herabgedämpft ist. Es muß daher eine Beziehung zwischen der Größe der Dämpfung und der Signalgeschwindigkeit bestehen.

Mathematisch läßt sich diese Beziehung in sehr einfacher Weise ableiten. Es setze das Signal zur Zeit $t=0$ mit seiner vollen Amplitude ein und breche zur Zeit $t=T$ plötzlich ab. Es ist dann die Stromstärke J_n im letzten Kreise eines Systemes von n unendlichschwach gekoppelten gleichen Kreisen, wenn wir als Signalwelle eine sehr schwach gedämpfte Welle $Ee^{-\delta_0 t+i\omega_0 t}$ annehmen

$$J_n=\frac{E}{2\pi}\int\limits_{-\infty}^{+\infty}\frac{(i\alpha)^{2n-1}M^{n-1}e^{i\alpha t}\left(1-e^{(-\delta_0+i\omega_0-i\alpha)T}\right)d\alpha}{L^n(i\alpha-\nu)^n(i\alpha-\nu^*)^n\{i(\alpha-\omega_0)+\delta_0\}}. \qquad (177)$$

Mit Hilfe der Formel (14) kann man das Integral für J_n leicht auswerten.

Wenn $n=1$, finden wir für den reellen Teil von J_1 der dem reellen Teil der äußeren EMK entspricht, bei einer Dämpfungskonstante δ_0 der Signalwelle gleich null, im Falle der Resonanz:

$$i_1=\frac{E\cos\omega_0 t}{R}-\frac{Ee^{-\delta t}\cos\omega t}{R} \quad \text{für } 0<t<T,$$

und

$$i_1 = -\frac{E}{R} e^{-\delta t} \{\cos \omega t (1 - e^{\delta T} \cos (\omega_0 - \omega) T) + e^{\delta T} \sin \omega t \sin (\omega_0 - \omega) T\}$$

für $t > T$,

wenn $\frac{\delta}{\omega}$ gegen 1 vernachlässigt wird.

Die in der Zeit T an den Kreis übertragene Energie ist

$$U = E \int_0^T i_1 \cos \omega_0 t dt = \frac{E^2 T}{2R} \left\{1 - \frac{1}{\delta T} (1 - e^{-\delta T})\right\}.$$

Die Gleichung der Amplitudenkurve der Eigenschwingung nach Aufhören des Signales ist:

$$A = e^{-\delta t}.$$

Beim normalen Morsealphabet sind die Pausen zwischen zwei aufeinanderfolgenden Zeichen eines und desselben Buchstabens ebenso lang wie die Dauer eines Punktes. Beim Anfang des folgenden Zeichens ist also die Amplitude der Eigenschwingung auf den $e^{-\delta T}$ten Teil des Anfangswertes herabgesunken. Um die einzelnen Zeichen unterscheiden zu können, muß daher das Produkt δT einen gewissen Minimumwert haben. Berechnen wir dann die Störungsfreiheit, so finden wir statt des früheren Ausdrucks (5) jetzt:

$$S_1 = \frac{q^2 + \omega^2}{2\delta} T \left\{1 - \frac{1}{\delta T} (1 - e^{-\delta T})\right\},$$

oder wenn wir δT durch x ersetzen:

$$S_1 = \frac{q^2 + \omega^2}{2x} \left\{1 - \frac{1}{x} (1 - e^{-x})\right\} T^2 \quad . \quad . \quad . \quad . \quad (178)$$

Weil der Wert von x unter allen Umständen das Verhältnis der Amplitude der Eigenschwingung zum Endwert der Signalamplitude bestimmt, darf, unabhängig von der Signalgeschwindigkeit, x nicht unter einen bestimmten Wert sinken. Demnach ist die Störungsfreiheit proportional dem Quadrate von T und umgekehrt proportional dem Quadrate der Signalgeschwindigkeit. Die Schnellsender stellen also ganz enorme Anforderungen an die Energie der Sendestationen, so daß an einen regelmäßigen Schnellverkehr über sehr große Entfernungen gar nicht zu denken ist.

Bei sehr geringer Dämpfung kann durch Kopplung mehrerer Kreise die Störungsfreiheit nicht erheblich vergrößert werden, denn wenn man die Dämpfungen der gekoppelten Kreise so wählt, daß bei sehr geringer Signalgeschwindigkeit die Störungsfreiheit dieselbe ist wie die eines einzelnen Kreises, so ist die erforderliche Zeit, um nach Aufhören des Signales die Eigenschwingungen bis auf einen bestimmten Bruchteil des Endwertes des Signales herabzudämpfen, größer als beim einzelnen Kreise, solange nicht die Amplitude der Eigenschwingung nahezu ganz auf Null herabgedämpft wird. Die Kopplung mehrerer Systeme wirkt also in ähnlicher Weise wie die Verringerung der Dämpfung, was auch darin zum Ausdruck kommt, daß die Resonanzspitze schärfer wird. Der einzelne Kreis mit geringerer Dämpfung hat aber den Vorteil, daß die Signalstärke viel größer ist, weil, wie wir früher gesehen haben, die Kopplung sehr lose sein muß. Außerdem klingt das Signal zunächst langsamer aus und läuft natürlich anfangs auch langsamer an. Allerdings müssen die Konstanten aller Kreise genau abgeglichen werden. Die Kopplung von mehreren Kreisen ist also meistens ein mangelhafter Ersatz für geringere Dämpfung und ist daher nur anzuwenden, wenn sich die Dämpfung des einzelnen Kreises nicht bis auf das zulässige Minimum herabdrücken läßt. Es stellt also der Einkreisempfänger mit sehr geringer Dämpfung in bezug auf Störungsfreiheit den idealen Empfänger dar und darüber hinaus kann keine erhebliche Verbesserung erreicht werden. Nur wenn das Störungsspektrum Partien enthält, in denen die Spektralintensität sehr viel größer ist als in der Nähe der Signalfrequenz, kann es einen gewissen Vorteil haben, vor den Kreis mit geringer Dämpfung ein Wellenfilter zu schalten, welches das Frequenzgebiet der Signalwelle durchläßt, die weiter entfernten Frequenzen aber unterdrückt. Bedingung ist dabei, daß die Dämpfung der Eigenschwingungen dieses Filters beträchtlich größer ist als die des letzten Kreises. Es kann durch ein solches Filter der Einfluß der außerhalb des Resonanzgebietes liegenden Frequenzen stärker herabgedrückt werden als mit nur einem Kreise. Ist z. B. die Intensität des Störungsspektrums besonders groß in dem Gebiete der niedrigen Frequenzen, so kann man als Filter ein System von magnetisch gekoppelten Kreisen benutzen, dessen Resonanzkurve im Gebiete der Signalfrequenz eine abgeflachte Spitze zeigt, ähnlich wie die aus der Leitungstelephonie bekannten Filter. Werden die größten Intensitäten dagegen in den höheren Frequenzgebieten gefunden, so ist ein System von statisch gekoppelten Kreisen vorzuziehen, oder man kann, wie wir im Abschnitt 11 des folgenden Kapitels sehen werden, eine in ein leitendes Medium eingebettete Antenne benutzen. Eine erste praktische Ausbildung des idealen Empfängers wurde von W. F. Einthoven beschrieben[16]). Den eigentlichen Empfangskreis bildet dabei eine in einem hochgradigen Vakuum schwingende, auf die Signalfrequenz abgestimmte Saite eines Saitengalvanometers, deren Schwingungen auf einem photographischen Bande registriert werden. Lesbare Signale werden noch erhalten, wenn die Dämpfung so gewählt wird, daß $\delta T = 1$. Um die Saite gegen zu starke Stöße zu schützen, wird ein Strombegrenzer zwischen Antenne und Galvanometer geschaltet. Gegenüber Hörempfang hat die Registrierung natürlich viele Vorteile, erstens werden die Signale festgelegt, und man kann ein durch Störungen verstümmeltes Stück des empfangenen Streifens genau studieren und gegebenenfalls ausmessen, zweitens muß wegen der logarithmischen Empfindlichkeit des Ohres δT bei Hörempfang größer sein, und schließlich wirkt die Notwendigkeit der Verwendung von Schwebungsempfang ungünstig. Dieser letzte Umstand ist leicht einzusehen, wenn man den durch die Hilfschwingung i_1 und die Störung i_s im Anodekreise einer Röhre erzeugten Strom gemäß der üblichen Formel berechnet:

$$i_a = a + b(i_1 + i_s) + c(i_1 + i_s)^2.$$

Die im Empfangskreise wirksame elektromotorische Kraft wird durch i_a bestimmt, und wendet man darauf die Fourieranalyse an, so findet man, daß die „Spektralintensität" in der Nähe der Eigenfrequenz des abgestimmten Empfangskreises im Verhältnis zur Intensität der Signalwelle größer ist als bei der Störungswelle allein.

Bei dem Einthovenschen Empfänger machen sich die atmosphärischen Störungen dadurch bemerkbar, daß sie plötzlich mit ihrem vollen Werte einsetzen. Daraus folgt, daß hier die Dämpfung der Störungen größer ist als die Dämpfung des Empfangskreises (der Galvanometersaite). Das ist eine weitere experimentelle Bestätigung unserer bisherigen Annahmen in bezug auf den Charakter der Störungswellen. Ob tatsächlich Störungswellen mit Spektralgebieten sehr großer Intensität vorkommen, das läßt sich nicht leicht voraussagen. Das Integral (55) gibt Auskunft über die Bedingungen, bei denen die außerhalb des Resonanzgebietes liegenden Spektralteile einen merklichen Teil zur Störungsenergie beitragen. Ob aber dieser Beitrag bei geringer Dämpfung des Empfangskreises sehr groß sein wird, ist kaum anzunehmen. Merklich kann der Einfluß dieser entfernten Spektralgebiete durch Verwendung eines einzelnen Kreises mit beträchtlicher Dämpfung verringert werden. Gegenüber aperiodischen Störungen aber ist diese Maßnahme überflüssig, weil dabei keine Spektralteile mit relativ zu dem Resonanzgebiete so großer Intensität vorkommen, daß die Gesamtenergie dadurch wesentlich beeinflußt wird.

Wir wollen jetzt die Frage der extrem lose gekoppelten Systeme noch ein wenig exakter betrachten. Durch Auswertung des Integrales (177) finden wir für ein grades n mit der üblichen Vernachlässigung und abgesehen vom Vorzeichen:

$$i_n = \frac{\omega_0^{n-1} M^{n-1} E}{L^n 2^n \delta^n} \left\{ \sin \omega_0 t - e^{-\delta t} \sin \omega t \left(1 + \delta t + \frac{\delta^2 t^2}{2!} + \dots \frac{\delta^{n-1} t^{n-1}}{n-1!}\right)\right\},$$

während für n ungrade die sinus durch cos zu ersetzen sind. Die Amplitudenkurve der nach Aufhören der äußeren EMK fortdauernden Eigenschwingung ist deshalb

$$\left(1 + \delta t + \frac{\delta^2 t^2}{2!} + \dots \frac{\delta^{n-1} t^{n-1}}{n-1!}\right) e^{-\delta t}.$$

Für große Werte von n können wir dies ersetzen durch

$$1 - \frac{(n+1)\,\delta^n t^n}{(n+1-\delta t)\,n!} e^{-\delta t},$$

solange δt merklich kleiner ist als n. Es nimmt also die Amplitude der ausklingenden Eigenschwingungen zunächst sehr langsam ab und zwar langsamer als beim einzelnen Kreise, dessen Dämpfung so gewählt ist, daß bei sehr langsamem Signaltempo die Störungsfreiheit dieselbe ist wie beim gekoppelten Systeme, d. h. wenn für den einzelnen Kreis gilt

$$\delta_1 = \frac{\delta}{\sqrt{\pi n}} \quad \text{(vgl. 122)}.$$

Später aber nimmt beim gekoppelten Systeme die Amplitude schneller ab, weil der Faktor e^{-x} dann schneller abnimmt als der Faktor $1 + x + \dots \frac{x^{n-1}}{n-1!}$ zunimmt.

Unter Umständen kann ein gekoppeltes System ein gewisser Vorzug sein, namentlich bei der Forderung, daß die Amplitude der Eigenschwingung beim Anfang des folgenden Zeichens nahezu bis auf Null herabgedrückt ist. Wenn aber, wie beim Saitengalvanometer und natürlich im allgemeinen bei photographischer Registrierung, Herabsetzung bis auf den $\frac{1}{e}$-ten Teil genügt, kann die Kopplung von mehreren Kreisen keinen Vorteil bringen, und im allgemeinen auch dann nicht, wenn die Signalgeschwindigkeit möglichst groß sein soll.

Kapitel IV.

Der Richtungsempfang.

1. Richtfähigkeit des Rahmens.

Wir haben schon früher bemerkt, daß die bisherigen Erfolge in bezug auf die Unterdrückung der Störungen hauptsächlich auf der Richtfähigkeit der gebrauchten Empfanganordnungen beruhen. Das einfachste Beispiel eines richtfähigen Empfängers ist die geschlossene oder Rahmenantenne. Wenn wir eine ebene periodische Welle und die elektrische Feldstärke senkrecht zur Erdoberfläche xoy annehmen, so können wir die einfallende Welle durch den Ausdruck darstellen

$$E_z = E e^{i\omega\left(t - \frac{x\cos\varphi + y\sin\varphi}{c}\right)},$$

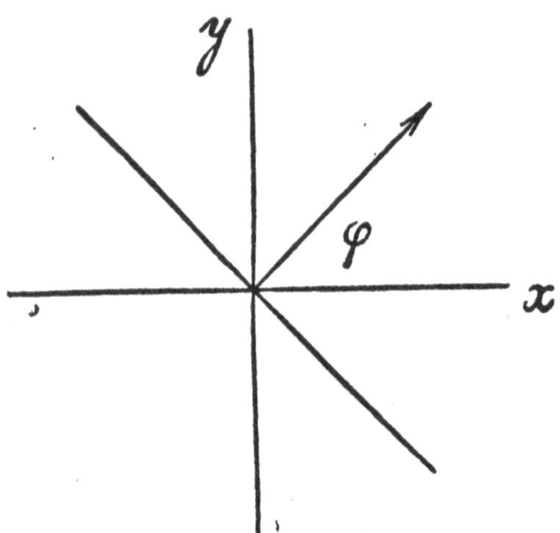

Fig. 9.

wenn c die Fortpflanzungsgeschwindigkeit der Welle in Luft ist. Längs den Graden

$$x\cos\varphi + y\sin\varphi = K$$

ist die Phase konstant, und aus der Figur 9 ergibt sich, daß die Fortpflanzungsrichtung den Winkel φ mit der positiven x Achse bildet. Denken wir uns jetzt einen Rahmen, von der Länge a bzw. der Höhe h, und der Windungsebene parallel der xoz Ebene, so ist, wenn seine vertikalen Seiten in den Punkten o und a der x Achse liegen, die induzierte elektromotorische Kraft gleich dem Linienintegral der elektrischen Feldstärke längs dem Umfang des Rahmens, also gleich

$$h E e^{i\omega t}\left(1 - e^{-\frac{i\omega a}{c}\cos\varphi}\right) \quad . \quad . \quad . \quad . \quad . \quad (179)$$

oder, wenn $\frac{a\omega}{c}$ genügend klein ist,

$$a h E \frac{i\omega\cos\varphi}{c} e^{i\omega t} \quad \ldots\ldots \quad (180)$$

Wenn statt einer Windung mehrere vorhanden sind, z. B. n, so ist dieser Ausdruck einfach mit n zu multiplizieren, und wir können den Faktor nah als Windungsfläche des Rahmens auffassen.

Die Richtungseigenschaften können wir unmittelbar ablesen, weil sie durch den Faktor $\cos\varphi$ vollkommen bestimmt sind. Die Gleichung

$$\varrho = \pm n a h \cos\varphi$$

stellt, wenn wir ϱ und φ als Polarkoordinaten auffassen, das aus zwei sich im Punkte o berührenden Kreisen bestehende Richtungsdiagramm dar.

Statt des üblichen Richtungsdiagrammes, das uns die Bestimmung der Schwächung der Störungen in Abhängigkeit von der Einfallsrichtung ermöglicht, wollen wir eine Größe einführen, die uns ein Maß für die gesamten Richtungseigenschaften des Empfangsgebildes gibt. Als solche wählen wir den Richtfaktor, den wir durch die Gleichung

$$R = \frac{2\pi U(0)}{\int_0^{2\pi} U(\varphi)\, d\varphi} \quad \ldots\ldots \quad (181)$$

definieren, worin $U(\varphi)$ die vom Empfänger beim Einfall der Wellen aus der Richtung φ aufgenommene Energie darstellt. Beim Rahmen wird also, weil $U(\varphi)$ proportinal $\cos^2\varphi$ ist

$$R = \frac{2\pi}{\int_0^{2\pi} \cos^2\varphi\, d\varphi} = 2 \quad \ldots\ldots \quad (182)$$

Wir können den Richtfaktor auffassen als das Verhältnis der von einer vertikalen Antenne aufgenommenen Energie zu der vom Empfänger aufgenommenen Energie, wenn die Störungen gleichmäßig aus allen Richtungen eintreffen, und die Empfangsstärken aus der Richtung $\varphi = 0$ gleich sind. Wenn wir dann dafür sorgen, daß die Empfangsstärke bei $\varphi = 0$ immer maximal ist, wie beim Rahmen in der gewählten Aufstellung der Fall ist, und daß das Signal aus dieser Richtung eintrifft, können wir den Richtfaktor als Maß für die Verbesserung der Störungsfreiheit annehmen. Streng genommen, wäre noch zu beweisen, daß der Richtfaktor für atmosphärische Störungen derselbe ist wie für ungedämpfte Wellen. Auf Grund unseres früheren Resultates, daß die Störungsenergie bestimmt ist durch das in der Nähe der Resonanzfrequenz liegende Spektralgebiet, können wir dies aber erwarten. Beim Rahmen ist also die Verbesserung der Störungsfreiheit gegenüber der vertikalen Antenne eine zweifache (vgl. 182). Zu beachten ist jedoch, daß der Richtfaktor nicht die örtlichen Verhältnisse berücksichtigt. Sobald die Störungen vorwiegend aus bestimmten, bekannten Richtungen kommen, muß man zunächst die Richteigenschaften des Empfangsgebildes derart wählen, daß jeder Empfang aus diesen Richtungen unmöglich wird. Ein bestimmtes Maß für die Verbesserung der Störungsfreiheit kann dann natürlich auf theoretischem Wege nicht angegeben werden. Der oben definierte Richtfaktor hat aber doch eine gewisse Bedeutung, da es oft notwendig ist, die Signale von verschiedenen Stationen aufzufangen. Der Richtfaktor gibt dann ein Maß für die durch die Richtfähigkeit veranlaßte durchschnittliche Verbesserung der Störungsfreiheit. Wenn also der Richtfaktor im einzelnen Falle auch nicht allein maßgebend ist, so kann man doch durch seine Berechnung einen ungefähren Eindruck von der zu erreichenden Verbesserung erhalten. Es dürfte jedenfalls kaum eine andere Größe geben, die ein besseres Maß darstellt. Es sei noch bemerkt, daß der Richtfaktor nicht in einem einfachen Zusammenhange mit dem Flächeninhalt des Energiediagrammes steht:

$$\varrho = U(\varphi).$$

Dieser Inhalt ist

$$1/2 \int_0^{2\pi} \varrho^2 \, d\varphi,$$

also ganz verschieden vom Zähler in dem Ausdrucke für R.

2. Zusammenstellung von Antennen.

Schon vor der Erfindung des Rahmens hat Bellini[17]) Systeme von Antennen mit erhöhter Richtfähigkeit entworfen. Es wurde eine Reihe von Antennen in Abständen von einer halben Wellenlänge senkrecht zur Fortpflanzungsrichtung oder hintereinander in der Fortpflanzungsrichtung angeordnet. Später schlug man vor, statt einzelner Antennen Paare in der Fortpflanzungsrichtung der Signalwelle anzuordnen. Man bekommt dann Gebilde, die ähnlich sind einer Reihe von senkrecht zur Signalrichtung angeordneten Rahmen.

Wir wollen diese Systeme einer näheren Betrachtung unterziehen und denken uns eine beliebige Zahl von Rahmen in beliebiger Anordnung. Es seien die Windungsflächen O_1, O_2 usw., und die Richtungen der Windungsebenen in bezug auf die x Achse ψ_1, ψ_2 usw.

Dann ist beim Eintreffen der Welle

$$E_z = E e^{i\omega\left(t - \frac{x\cos\varphi + y\sin\varphi}{c}\right)}$$

die im m^{ten} Rahmen induzierte elektromotorische Kraft gleich

$$\frac{i\omega O_m}{c}\cos(\varphi - \psi_m)\, E e^{i\omega\left(t - \frac{x_m\cos\varphi + y_m\sin\varphi}{c}\right)} \quad . \; . \; . \quad (183)$$

In dem Punkte x_m, y_m liege eine der vertikalen Seiten. Ist dieser Punkt für alle Rahmen derselbe, so können wir die gesamten Rahmen durch einen einzigen ersetzen und die Summe der den Rahmen induzierten Kräfte in der Form darstellen

$$\sum_{m=1}^{n} (A_m \cos\varphi + B_m \sin\varphi) \quad . \; . \; . \; . \; . \quad (184)$$

Dieser Ausdruck läßt sich bekanntlich umformen zu

$$P\cos(\varphi - \chi).$$

Um also einen anderen Richtfaktor als bei einem Rahmen zu bekommen, müssen wir unbedingt die Rahmen in gewissen gegenseitigen Abständen anordnen. Wir denken uns dann die einzelnen elektromotorischen Kräfte summiert und lassen diese Gesamtkraft auf einen Kreis wirken. Praktisch können wir das dadurch erreichen, daß wir alle Antennen durch elektrisch äquivalente Leitungen extrem lose mit einem gemeinsamen Kreise koppeln. Die den Antennen induzierten Kräfte kommen dann mit ihren natürlichen Phasenunterschieden bei diesem Kreise an, und es läßt sich die Wirkung des Antennensystems durch einfache Summierung der einzelnen Kräfte finden.

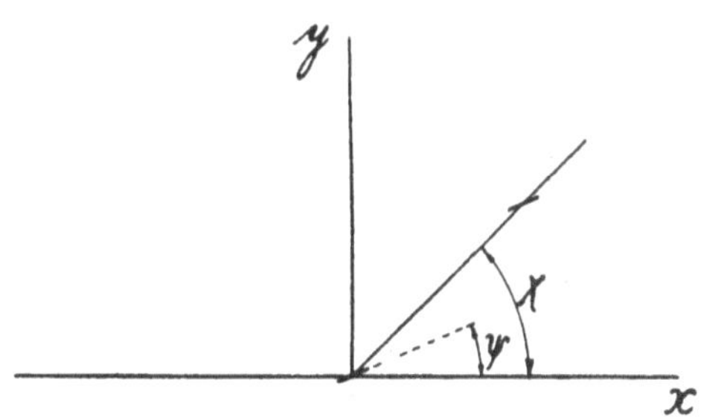

Fig. 10.

Solange x_m, y_m, O_m und ψ_m für alle Antennen vollkommen willkürlich sind, ist der durch Summierung erhaltene Ausdruck (184) noch sehr verwickelt. Wir nehmen daher alle O_m gleich, die ψ_m entweder gleich, oder abwechselnd um den Betrag π verschieden an. Das letzte bedeutet, daß die Rahmen abwechselnd entgegengesetzt geschaltet sind. Die Punkte x_m, y_m sollen weiter in regelmäßigen Abständen auf einer Geraden liegen, die durch den Punkt o geht. Bildet diese Gerade den Winkel χ mit der Abszissenachse, liegen die Rahmen in Abständen d auf dieser Gerade, und der erste Rahmen im Punkte o, so ist (vgl. Fig. 10):

$$x_m = (m-1)\, d\cos\chi \quad y_m = (m-1)\, d\sin\chi.$$

Die Summierung ergibt also für die gesamte induzierte elektromotorische Kraft

$$E_g = \frac{i\omega O E e^{i\omega t}}{c} \cos(\varphi - \psi) \sum_{m=1}^{n} e^{-\frac{i\omega d(m-1)}{c}\cos(\varphi-\chi)} \quad . \quad (185)$$

wenn alle ψ gleich, und

$$E_g = \frac{i\omega O E e^{i\omega t}}{c} \cos(\varphi - \psi) \sum_{m=1}^{n} e^{-\frac{i\omega d(m-1)}{c}\cos(\varphi-\chi)+(m-1)i\pi} \quad (186)$$

wenn die ψ abwechselnd um den Betrag π verschieden sind. Wenn wir zur Abkürzung setzen

$$\frac{\omega d}{c} \cos(\varphi - \chi) = u,$$

erhalten wir, abgesehen vom konstanten Faktor $\frac{i\omega O E}{c}$, für den reellen Teil der elektromotorischen Kraft E_g den Ausdruck:

$$\cos(\varphi - \psi)\left\{\cos\omega t\left(1 + \sum_{m=1}^{n-1} \cos m u\right) + \sin\omega t \sum_{m=1}^{n-1} \sin m u\right\} \quad (187)$$

Die an den gemeinsamen Kreis übertragene Energie ist proportional dem Quadrate der erregenden Kraft, und es ergibt sich somit unter Vernachlässigung der unwesentlichen Proportionalitätskonstanten

$$\begin{aligned}
U(\varphi) &= \cos^2(\varphi-\psi)\left\{\left(1 + \sum_{m=1}^{n-1} \cos m u\right)^2 + \left(\sum_{m=1}^{n-1} \sin m u\right)^2\right\} \\
&= \cos^2(\varphi-\psi)\{1 + \cos^2 u + \cos^2 2u + \ldots \cos^2(n-1)u \\
&\qquad + 2(\cos u + \cos 2u + \ldots \cos(n-1)u) \\
&\qquad + 2\cos u(\cos 2u + \ldots \cos(n-1)u) \\
&\qquad + 2\cos 2u(\cos 3u + \ldots \cos(n-1)u) \\
&\qquad \vdots \\
&\qquad + \sin^2 u + \sin^2 2u + \ldots \sin^2(n-1)u \\
&\qquad + 2\sin u(\sin 2u + \ldots \sin(n-1)u) \\
&\qquad \vdots \\
&\qquad\qquad + 2\sin(n-2)u\sin(n-1)u\} \\
&= \cos^2(\varphi-\psi)\left\{n + 2\{(n-1)\cos u + (n-2)\cos 2u + \ldots\}\right\} \\
&= \cos^2(\varphi-\psi)\left\{n + 2\sum_{k=1}^{n-1}(n-k)\cos k u\right\} \quad . \quad . \quad . \quad . \quad . \quad . \quad (188)
\end{aligned}$$

Dies ist die Gleichung des Energiediagrammes. Die Formel (188) ist auch gültig für den Fall, daß die Rahmen abwechselnd entgegengesetzt geschaltet, die ψ also abwechselnd um den Betrag π verschieden sind, wenn wir nehmen

$$u = \frac{\omega d \cos(\varphi - \chi)}{c} + \pi.$$

Wir wollen zunächst den Richtfaktor R_n, versehen mit einer der Zahl der Antennen entsprechenden Indexziffer, berechnen, und müssen daher das Integral

$$\int_0^{2\pi} U(\varphi)\, d\varphi \quad \ldots \ldots \ldots \quad (189)$$

bestimmen. Es genügt dazu die Berechnung von

$$\int_0^{2\pi} \cos^2(\varphi - \psi) \cos k u\, d\varphi = \int_0^{2\pi} \cos^2(\varphi - \psi) \cos\left\{\frac{k\omega d}{c} \cos(\varphi - \chi)\right\} d\varphi,$$

und wenn wir setzen

$$\frac{k\omega d}{c} = y,$$

wird dies

$$\int_0^{2\pi} \cos^2(\varphi - \psi) \cos\{y \cos(\varphi - \chi)\} d\varphi = \int_0^{2\pi} \cos^2(\varphi + \chi - \psi) \cos(y \cos\varphi)\, d\varphi$$

$$= \frac{1}{2}\int_0^{2\pi} \{1 + \cos 2\varphi \cos 2(\chi - \psi) - \sin 2\varphi \sin 2(\chi - \psi)\} \cos(y \cos\varphi)\, d\varphi$$

$$= \frac{1}{2}\int_0^{2\pi} \{1 + \cos 2\varphi \cos 2(\chi - \psi)\} \cos(y \cos\varphi)\, d\varphi \quad \ldots \quad (190)$$

Es ist aber bekanntlich, wenn J_n das Funktionszeichen für die Besselsche Funktion mit der Ordnungszahl n ist:

$$i^n J_n(y) = \frac{1}{2\pi}\int_0^{2\pi} e^{i(y\cos\varphi + n\varphi)}\, d\varphi \quad \ldots \quad (191)$$

also

$$\frac{1}{2}\int_0^{2\pi} \cos(y\cos\varphi)\, d\varphi = \frac{\pi}{2}\left(J_0(y) + J_0(-y)\right) \quad \ldots \quad (192)$$

und

$$\frac{1}{2}\int_0^{2\pi} \cos 2\varphi \cos 2(\chi - \psi) \cos(y\cos\varphi)\, d\varphi$$

$$= \frac{\cos 2(\chi - \psi)}{2}\int_0^{\pi} \cos 2\varphi \left(e^{iy\cos\varphi} + e^{-iy\cos\varphi}\right) d\varphi.$$

Es ist aber

$$\frac{1}{\pi}\int_0^{\pi} e^{iy\cos\varphi}\cos 2\varphi\, d\varphi = -J_2(y),$$

daher ist der zweite Teil unseres Integrales (189)

$$\frac{1}{2}\int_0^{2\pi}\cos 2(\chi-\psi)\cos 2\varphi\cos(y\cos\varphi)\,d\varphi$$

$$= -\frac{\pi\cos 2(\chi-\psi)}{2}\left(J_2(y)+J_2(-y)\right).$$

Weil weiter $J_0(y)$ und $J_2(y)$ gerade Funktionen von y sind, ist schließlich

$$\int_0^{2\pi}\cos^2(\varphi-\psi)\cos ku\,d\varphi = \pi\{J_0(kx)-\cos 2(\chi-\psi)J_2(kx)\} \quad (193)$$

wobei

$$x=\frac{\omega d}{c}=\frac{2\pi d}{\lambda} \quad (\lambda = \text{Wellenlänge}).$$

Es wird also das Integral (189):

$$\int_0^{2\pi}U(\varphi)\,d\varphi = \pi\left[n+2\sum_{k=1}^{n-1}(n-k)\{J_0(kx)-\cos 2(\chi-\psi)J_2(kx)\}\right] \quad (194)$$

Ist $\psi=0$, $\chi=\frac{\pi}{2}$, dann haben wir n Rahmen senkrecht zur Abszissenachse mit ihren Windungsebenen parallel zur Abszissenachse angeordnet. Das Signal ist maximal, wenn $\varphi=0$, und der Richtfaktor

$$R_n=\frac{2\pi\,U(0)}{\int_0^{2\pi}U(\varphi)\,d\varphi}=\frac{2\left\{n+2\sum_{k=1}^{n-1}(n-k)\right\}}{n+2\sum_{k=1}^{n-1}(n-k)\{J_0(kx)+J_2(kx)\}}$$

$$=\frac{2n^2}{n+2\sum_{k=1}^{n-1}(n-k)\{J_0(kx)+J_2(kx)\}} \quad \ldots\ldots \quad (195)$$

Liegen die Mittelpunkte dagegen in der Richtung $\varphi=0$ hintereinander, so ist $\psi=0$, $\chi=0$, so daß $u=\frac{\omega d}{c}=x$, und

$$R_n=\frac{2\left\{n+2\sum_{k=1}^{n-1}(n-k)\cos kx\right\}}{n+2\sum_{k=1}^{n-1}(n-k)\{J_0(kx)-J_2(kx)\}} \quad \ldots \quad (196)$$

Hierbei wurde angenommen, daß die ψ alle gleich sind, d. h. alle Rahmen denselben Windungssinn besitzen. Wenn dies nicht mehr der Fall ist und die Rahmen z. B. abwechselnd entgegengesetzte Windungsrichtung haben, wird das Integral (189) gleich

$$\int_0^{2\pi} U(\varphi)\,d\varphi = \pi\left[n + 2\sum_{k=1}^{n-1}(n-k)\,e^{ik\pi}\left\{J_0(kx-)\cos 2(\chi-\psi)\,J_2(kx)\right\}\right] \quad (197)$$

Für $\psi = 0$, $\chi = 0$ ist dann

$$R_n = \frac{2\left\{n + 2\sum\limits_{k=1}^{n-1}(n-k)\cos k(\pi + x)\right\}}{n + 2\sum\limits_{k=1}^{n-1}(n-k)\cos k\pi\left\{J_0(kx) - J_2(kx)\right\}} \quad . \quad (198)$$

Für $\psi = 0$, $\chi = \frac{\pi}{2}$ läßt sich R aber bei abwechselnd entgegengesetzter Schaltung nicht durch das Verhältnis (181) bestimmen, sondern es muß diejenige Richtung φ bestimmt werden, für die $U(\varphi)$ maximal ist. Die allgemeine Formel lautet

$$R_n = \frac{2\cos^2\varphi\left\{n + 2\sum\limits_{k=1}^{n-1}(n-k)\cos k(x\sin\varphi + \pi)\right\}}{n + 2\sum\limits_{k=1}^{n-1}(n-k)\cos k\pi\left\{J_0(kx) + J_2(kx)\right\}} \quad . \quad (199)$$

Statt unserer Voraussetzungen in bezug auf die Phasenunterschiede der den Antennen induzierten elektromotorischen Kräfte bei der Summierung der einzelnen Kräfte können wir auch z. B. annehmen, daß die Phasenunterschiede bei der Übertragung an den gemeinsamen Kreis ausgeglichen werden, und alle einzelnen Kräfte in derselben Phase beim Endkreise ankommen. Der Ausdruck (195) bleibt dann unverändert. Statt (196) bekommen wir aber, wie durch Rechnung leicht bestätigt werden kann,

$$R_n = \frac{2n^2}{n + 2\sum\limits_{k=1}^{n-1}(n-k)\cos kx\left\{J_0(kx) - J_2(kx)\right\}} \quad . \quad (200)$$

wobei zu beachten ist, daß man in diesem Falle nehmen muß

$$u = \frac{\omega d}{c}\left\{\cos(\varphi - 0) - \cos 0\right\}.$$

In ähnlicher Weise ändert sich der Ausdruck (198). Man könnte natürlich das Integral (189) unter viel allgemeineren Voraussetzungen berechnen, wie wir das getan haben, aber die für unsere begrenzten Voraussetzungen gegebenen speziellen Fälle genügen vollkommen, um sich ein Urteil über die wesentlichen Eigenschaften dieser richtfähigen Gebilde zu verschaffen, und es sind die dabei erhaltenen für den Richtfaktor bei beliebigen Werten von n geltenden Ausdrücke noch ziemlich kompliziert. Wir wollen uns daher auf die Besprechung einiger besonderer Fälle bei kleinem n beschränken, zumal uns die praktischen Verhältnisse hindern, das n beliebig groß zu nehmen. Nach Ermittlung der Werte von x, bei denen der Richtfaktor sein Maximum hat, müßten im allgemeinen die gegenseitigen Abstände d von der Ordnung der Wellenlänge sein, so daß bei den gegenwärtig in Betracht kommenden Wellenlängen von etwa 10 bis 20 km die Abmessungen der Empfangsgebilde ungeheuer groß würden. Es ist dann aber fraglich, ob unsere Voraussetzung noch berechtigt ist, daß die einfallenden Wellen eben sind. Außerdem wird auch die praktische Ausführung dieser Systeme erheblich schwierig sein.

Man kann aus den vorgehenden Rechnungen ohne Mühe die Formeln für den Fall von vertikalen Antennen ableiten. Es fällt dann der Faktor 2 und auch J_2 fort.

Die Formel (195) geht dann über in

$$R_n = \frac{n^2}{n + 2\sum\limits_{k=1}^{n-1}(n-k)\,J_0(kx)} \quad . \quad . \quad . \quad . \quad . \quad (201)$$

und (196) wird

$$R_n = \frac{n + 2\sum\limits_{k=1}^{n-1}(n-k)\cos kx}{n + 2\sum\limits_{k=1}^{n-1}(n-k)\,J_0(kx)} \quad . \quad . \quad . \quad . \quad . \quad (202)$$

---

3. Beispiele von richtfähigen Systemen.

1. Als erstes Beispiel wollen wir ein Empfangsgebilde aus zwei Rahmen bestehend betrachten, deren Mittelpunkte in einer Senkrechten zur Signalrichtung $\varphi = 0$ liegen. Die Gleichung des Energiediagrammes ist, vgl. (188):

$$U = \cos^2\varphi\,\{1 + \cos(x\sin\varphi)\},$$

und (195)

$$R_2 = \frac{4}{1 + J_0(x) + J_2(x)}.$$

R_2 ist Maximum, wenn

$$J_0(x) + J_2(x)$$

seinen größten negativen Wert hat. Es ist dies der Fall, wenn $x = 5{\cdot}1$, und es ist dann

$$R_2 = 4{\cdot}61.$$

Den Abstand der beiden Rahmen finden wir aus der Gleichung

$$d = \frac{x}{2\pi}\lambda = 0{\cdot}81\,\lambda.$$

Der Richtfaktor hat also seinen größten Wert, wenn der Abstand der beiden Rahmen etwa Vierfünftel der Wellenlänge beträgt. Bei den gegenwärtig üblichen größten Wellenlängen, die etwa 20 km sind, wäre daher ein Abstand von etwa 16 km der günstigste. R_2 ist 2·3 mal größer als der Richtfaktor des einzelnen Rahmens. Es kann also unter günstigen Bedingungen die Verwendung von zwei Antennen eine erhebliche Verbesserung der Störungsfreiheit bedeuten. In Fig. 11 ist das Energiediagramm für diesen Abstand dargestellt.

Aus der Figur sieht man, daß ein sehr großes Winkelgebiet nahezu vollkommen für den Empfang ausgeschaltet ist. Wenn die Störungen zufällig vorwiegend aus diesem Gebiete kommen, kann natürlich die Verbesserung der Störungsfreiheit noch bedeutend

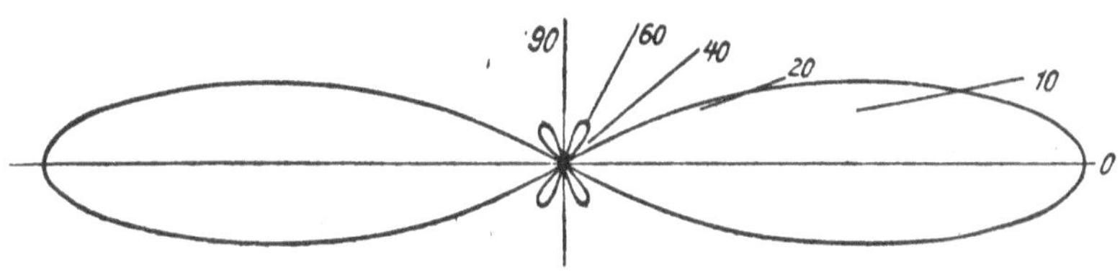

Fig. 11.

größer sein, als die Berechnung ergibt. Umgekehrt aber ist das gefundene Resultat zu günstig, wenn die Störungen aus derselben oder der entgegengesetzten Richtung wie das Signal kommen.

2. Drei Rahmen senkrecht zur Fortpflanzungsrichtung.

Die Gleichung des Energiediagrammes lautet (188):

$$U = \cos^2\varphi\,\{3 + 4\cos(x\sin\varphi) + 2\cos 2\,(x\sin\varphi)\},$$

und der Richtfaktor ist (195)

$$R_3 = \frac{18}{3 + 4\,\{J_0(x) + J_2(x)\} + 2\,\{J_0(2x) + J_2(2x)\}}.$$

Der günstigste Abstand ist hier gegeben durch

$$x = 5{\cdot}4, \quad \text{also } d = 0{\cdot}86\lambda.$$

Die Gesamtabmessungen des Systemes sind

$$1{\cdot}72\,\lambda,$$

während der Maximalwert von R_3 gleich 7·4 ist.

Der Richtfaktor ist also bedeutend größer als bei zwei Rahmen. Die Abmessungen sind aber auch noch etwas mehr als zweimal so groß wie im vorhergehenden Falle. Das Energiediagramm bei dem berechneten günstigsten Abstande ist in Fig. 12 dargestellt.

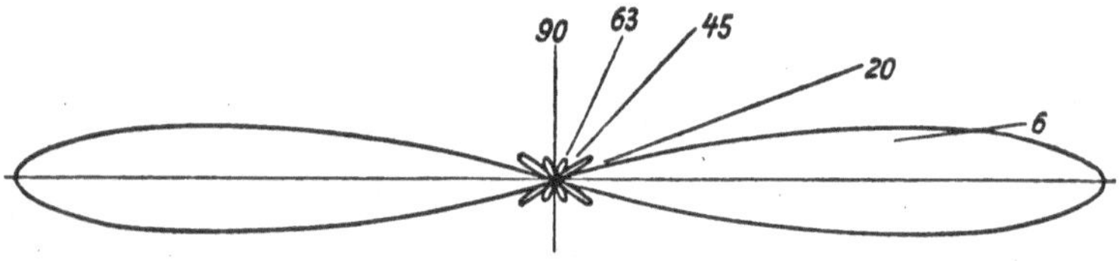

Fig. 12.

Das Winkelgebiet, für das die Empfangsintensität sehr klein ist, ist noch größer, und das Maximum noch schärfer ausgeprägt wie bei zwei Rahmen. Bei vier Rahmen ist schließlich $R_{4\,max}$ gleich 10. Die gegenseitigen Abstände sind hier $0{\cdot}88\,\lambda$, die Gesamtabmessungen also $2{\cdot}64\,\lambda$, d. h. etwa 50 km bei den größten Wellenlängen. Selbstverständlich ist es sehr zweifelhaft, ob bei derartigen Abmessungen alle unsere Voraussetzungen noch erfüllt sind, jedenfalls ist nicht ohne weiteres anzunehmen, daß die berechneten Resultate wirklich bei den größeren Wellenlängen erreicht werden können. Bei Verwendung von Wellenlängen von nicht mehr als 1000 Meter sind natürlich unsere Voraussetzungen erfüllt. Für sehr große Entfernungen wurden aber bis jetzt diese kleinen Wellenlängen nicht verwendet.

3. Zwei entgegengesetzt geschaltete Rahmen.

Der Richtfaktor ist (199):

$$R_2 = \frac{4\cos^2\varphi\left\{1-\cos\left(x\sin\varphi\right)\right\}}{2\left\{1-J_0(x)-J_2(x)\right\}}.$$

Es wurde auch eine Anordnung vorgeschlagen, bei der der Abstand der beiden Rahmen gering sein sollte. Weil dann x klein ist, können wir setzen

$$J_0(x) = 1 - \frac{x^2}{4},$$

$$J_2(x) = \frac{x^2}{8},$$

$$1 - \cos(x\sin\varphi) = \frac{x^2}{2!}\sin^2\varphi,$$

und es ist

$$R_2 = \frac{8\,x^2\cos^2\varphi\sin^2\varphi}{x^2} = 8\sin^2\varphi\cos^2\varphi.$$

Das Maximum von R_2 liegt bei

$$\sin\varphi = \frac{1}{2}\sqrt{2},$$

und es ist

$$R_{2\,\max} = 2,$$

d. h. der Richtfaktor ist genau derselbe wie beim einfachen Rahmen.

Eine Vergrößerung des Richtfaktors läßt sich also in dieser Weise nicht erreichen, und dasselbe ist allgemein zu beweisen, wenn man von der Gleichung des Energiediagrammes ausgeht und die gegenseitigen Abstände der Rahmen so klein sind, daß sie gegen die Wellenlänge vernachlässigt werden dürfen. Die entgegengesetzte Schaltung kann insofern von Bedeutung sein, als dadurch noch andere Richtungen ausgeschaltet werden, wie im eben behandelten Beispiele die Richtungen $\varphi = 0$ und $\varphi = \frac{\pi}{2}$; sieht man doch sofort aus der Gleichung des Diagrammes, daß $U(0)$ und $U\left(\frac{\pi}{2}\right)$ beide gleich Null sind.

Im übrigen ergibt sich, daß der Richtfaktor durch die entgegengesetzte Schaltung niemals eine wesentliche Vergrößerung erhalten kann, dagegen bei der normalen gleich gerichteten Anordnung im allgemeinen größer ist.

Auch die Anordnung von Rahmen in gegenseitigen Abständen, die klein gegenüber der Wellenlänge sind, kann niemals zu einer wesentlichen Verbesserung der Störungsfreiheit führen, wie die folgende Betrachtung lehrt. Die gesamte elektromotorische Kraft in einem beliebigen Systeme von Rahmen war, vgl. (183):

$$\begin{aligned} E_g &= \Sigma \frac{i\,\omega\, O_m\, E}{c} \cos(\varphi - \psi_m)\, e^{i\,\omega\left(t - \frac{x_m \cos\varphi + y_m \sin\varphi}{c}\right)} \\ &= \frac{i\,\omega\, E\, e^{i\,\omega\, t}}{c} \Sigma O_m \cos(\varphi - \psi_m)\left\{\cos\frac{\omega}{c}(x_m\cos\varphi + y_m\sin\varphi)\right. \\ &\qquad \left. - i\sin\frac{\omega}{c}(x_m\cos\varphi + y_m\sin\varphi)\right\}. \end{aligned}$$

Sind jetzt alle x_m und y_m sehr klein gegen die Wellenlänge, dann kann man dafür schreiben

$$E_g = \frac{i\,\omega\, E\, e^{i\,\omega\, t}}{c} \Sigma O_m \cos(\varphi - \psi_m) = \frac{i\,\omega\, E\, e^{i\,\omega\, t}}{c} O\cos(\varphi - \psi).$$

Das ist aber wieder die Gleichung für die in einem Rahmen mit Windungsfläche O und Windungsrichtung ψ induzierte *EMK*. Nur wenn die ψ_m so gewählt sind, daß

$$\Sigma O_m \cos\psi_m = 0 \quad \text{und} \quad \Sigma O_m \sin\psi_m = 0,$$

müßte man den Ausdruck zwischen Akoladen weiter entwickeln. Dieser Fall liegt im soeben behandelten Falle von zwei entgegengesetzt geschalteten Rahmen vor, aber auch dann ist schließlich der Richtfaktor derselbe wie bei einem einzelnen Rahmen, wenn auch das Richtungsdiagramm eine abweichende Form haben kann.

4. Zwei Rahmen hintereinander in der Fortpflanzungsrichtung[18]).

In der Voraussetzung, daß die Phasen bei der Übertragung ausgeglichen werden, ist die Gleichung des Energiediagrammes (188)

$$U = \cos^2\varphi \left\{1 + \cos x (1 - \cos\varphi)\right\}.$$

Der Richtfaktor ist (200)

$$R_2 = \frac{4}{1 + \cos x \left\{J_0(x) - J_2(x)\right\}}.$$

Der Maximalwert von R_2 liegt bei einem Werte von d, der etwas kleiner ist als $\frac{1}{4}\lambda$ und ist gleich 4·06, also etwas kleiner als im Falle 1. Bemerkenswert ist die Asymmetrie des Diagrammes.

Wenn die Phasen nicht ausgeglichen sind, ist die Gleichung des Energiediagrammes:

$$U = \cos^2\varphi \left\{1 + \cos(x\cos\varphi)\right\}.$$

Den Wert des Richtfaktors liefert uns die Formel (196), wenn n gleich 2 gesetzt wird.

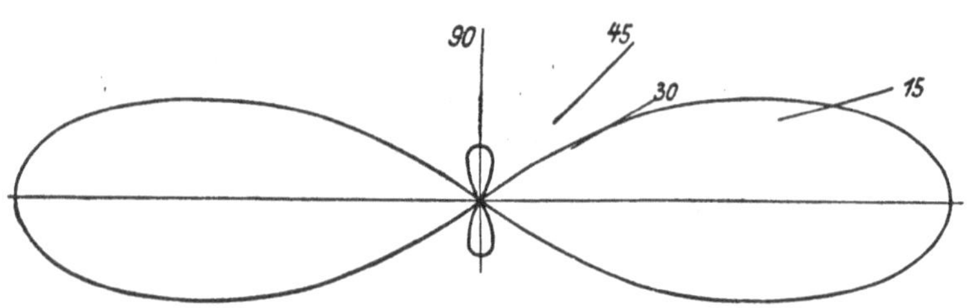

Fig. 13.

5. Zwei vertikale Antennen, senkrecht zur Fortpflanzungsrichtung des Signales.

Die Gleichung des Energiediagrammes ist

$$U = 1 + \cos(x\sin\varphi),$$

und der Richtfaktor

$$R_2 = \frac{2}{1 + J_0(x)}.$$

R_2 hat seinen Maximalwert, wenn $x = 3{\cdot}8$. Der günstigste Abstand ist also ein wenig größer als eine halbe Wellenlänge. Der Maximalwert von R_2 ist gleich 3·33, also erheblich kleiner wie bei zwei Rahmen. Die Verbesserung gegen eine Antenne ist aber größer als die von zwei Rahmen gegen einen. Das Diagramm ist für den günstigsten Abstand in Fig. 13 dargestellt.

Bei zwei Antennen in der Fortpflanzungsrichtung ist der Richtfaktor ein wenig kleiner.

6. Drei vertikale Antennen senkrecht zur Fortpflanzungsrichtung.

Die Gleichung des Energiediagrammes ist:

$$U = 3 + 4\cos(x\sin\varphi) + 2\cos(2x\sin\varphi),$$

und der Richtfaktor

$$R_3 = \frac{9}{3 + 4J_0(x) + 2J_0(2x)}.$$

Das Maximum von R_3 liegt bei $x = 4{\cdot}53$, oder $d = 0{\cdot}72\,\lambda$. Die Gesamtabmessungen sind also $1{\cdot}44\,\lambda$. Der Maximalwert von R_3 ist 5·8, also wieder geringer als bei drei Rahmen. Das Energiediagramm für den berechneten Abstand ist in Fig. 14 dargestellt.

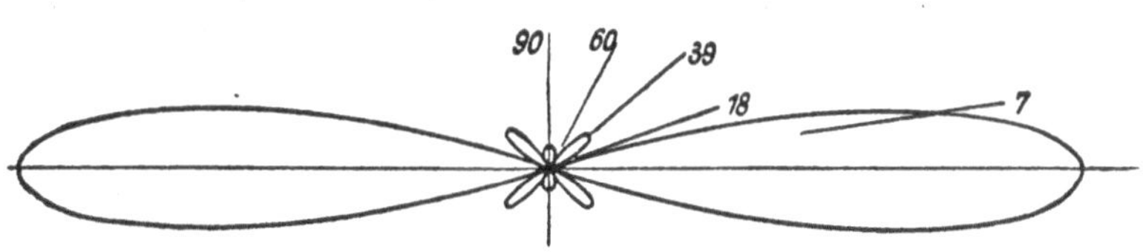

Fig. 14.

Aus den behandelten Beispielen geht klar hervor, daß bei zunehmender Anzahl von Einzelantennen die gegenseitigen Abstände immer größer gewählt werden müssen, um die günstigsten Werte des Richtfaktors zu erhalten. Wenn man statt Rahmen vertikale Antennen nimmt, sind die Unterschiede nicht so groß, wie man erwarten würde, insbesondere nicht, wenn die Anzahl größer wird. Der wichtigste Übelstand dieser Richtsysteme ist wohl dieser, daß die Abmessungen ungeheuer groß bei den größeren Wellenlängen sind, und auch die richtige Einstellung voraussichtlich sehr schwierig sein würde. Der Nachteil solcher ungeheuren Abmessungen bildet aber anscheinend wohl das größte Hindernis für eine allgemeine Verwendung dieser Systeme, womit man bisher, soviel ich weiß, nur in Amerika für größere Wellenlängen praktische Versuche ausführte. Insbesondere sollen auch die Verbindungsleitungen der einzelnen Antennen gegen äußere Einflüsse schwer zu schützen sein.

Aus den Gleichungen der Richtungsdiagramme sieht man weiter, daß durch geeignete Wahl von x der Empfang aus bestimmten Richtungen vollkommen unterdrückt werden kann. Im zuerst behandelten Falle war die Gleichung des Richtungsdiagrammes

$$U = \cos^2\varphi \left\{1 + \cos(x \sin\varphi)\right\},$$

also

$$U = 0 \text{ wenn } x \sin\varphi = (2k+1)\pi.$$

Läßt man x und damit d zunehmen, so können beliebig viele Richtungen ausgeschaltet werden. Das Ausschalten einer bestimmten Richtung ist besonders erwünscht, wenn gewisse Störungszentren vorhanden sind.

Vor allem müssen daher beim Bau eines Empfängers die örtlichen Verhältnisse in bezug auf Störungen vorher möglichst genau untersucht werden.

Die für die Berechnung der Richtfaktoren erforderlichen Werte von $J_0(x)$, $J_1(x)$, $J_0(x) + J_2(x)$ und $J_0(x) - J_2(x)$ sind unten in einer Tafel zusammengestellt. Die Tafeln für $J_0(x)$ und $J_1(x)$ sind Rayleigh's „Theory of sound" entnommen, und $J_2(x)$ wurde daraus mit Hilfe der Rekursionsformel berechnet:

$$\frac{2}{x} J_1(x) = J_0(x) + J_2(x).$$

Für praktische Fälle kann man die Richtfaktoren mittels der gegebenen Tafel mit ausreichender Genauigkeit bestimmen.

---

4. Der Richteffekt für beliebige Störungen.

Wir haben bis jetzt die Richtfähigkeit für ungedämpfte Wellen berechnet und dabei angenommen, daß die Amplitude der störenden Wellen in allen Punkten des Empfangssystemes gleich groß sei, d. h. der Ursprung der störenden Welle in einem Abstande liegt, der im Verhältnis zu den Abmessungen des ganzen Systemes groß ist. Für Störungen örtlichen Ursprungs gelten die gefundenen Formeln gewiß nicht, wenigstens nicht bei Wellenlängen von 10 km u. dgl. Als örtliche Störungen kommen besonders solche durch Gewitter und elektrische Leitungsnetze erzeugte in Betracht, schließlich auch andere, statische Störungen in den verschiedenen Antennen. Diese sind nämlich nicht nur von den atmosphärischen Verhältnissen abhängig, sondern auch noch von der Bauart und den Eigentümlichkeiten der einzelnen Antennen. Es kann also höchstens für die aus großen Entfernungen stammenden atmospärischen Störungen die oben berechnete Verbesserung der Störungsfreiheit zutreffen. Es besteht z. B. eine Reihe von gleichen, vertikalen, in gegenseitigen Abständen d angeordneten Antennen. Eine aus der Richtung φ eintreffende Störung treffe dann die Antennen in den Zeiten 0, $\frac{d \sin\varphi}{c}$, $\frac{2d\sin\varphi}{c}$ usw. und, wenn wir die induzierten Kräfte wieder an einen gemeinsamen Kreis ohne Änderung der Phasenunterschiede übertragen, so ist die gesamte elektromotorische Kraft

$$E = f(t) + f\left(t - \frac{d}{c}\sin\varphi\right) + f\left(t - \frac{2d}{c}\sin\varphi\right) + \dots \qquad (203)$$

wobei $f(u) = 0$, wenn $u < 0$.

Nehmen wir wieder eine aperiodische Störungswelle an, so ist

$$E = \frac{1}{2\pi}\int_{-\infty}^{+\infty} \frac{e^{i\alpha t}}{q + i\alpha}\left(1 + e^{-i\alpha\frac{d}{c}\sin\varphi} + e^{-2i\alpha\frac{d}{c}\sin\varphi} + \dots\right) d\alpha \qquad (204)$$

Die Stromstärke im Endkreise ist dann

$$J = \frac{1}{2\pi L}\int_{-\infty}^{+\infty} \frac{i\alpha e^{i\alpha t}\sum_{k=0}^{n-1} e^{-i\alpha\frac{kd}{c}\sin\varphi}\, d\alpha}{(q + i\alpha)(i\alpha - \nu)(i\alpha - \nu^*)} \quad . \; . \; . \qquad (205)$$

und die Gesamtenergie

$$R\int_0^\infty J^2 dt = \frac{\delta}{\pi L}\int_{-\infty}^{+\infty} \frac{\alpha^2 \sum_{k=0}^{n-1} e^{-\frac{i\alpha k d}{c}\sin\varphi} \sum_{k=0}^{n-1} e^{\frac{i\alpha k d}{c}\sin\varphi}\, d\alpha}{(q^2 + \alpha^2)(\nu^2 + \alpha^2)(\nu^{*2} + \alpha^2)}$$

$$= \frac{\delta}{\pi L}\int_{-\infty}^{+\infty} \frac{\alpha^2\left\{n + (n-1)\left(e^{\frac{i\alpha d}{c}\sin\varphi} + e^{-\frac{i\alpha d}{c}\sin\varphi}\right) + \dots\right\} d\alpha}{(q^2 + \alpha^2)(\nu^2 + \alpha^2)(\nu^{*2} + \alpha^2)} \qquad (206)$$

Solange $\sin\varphi$ positiv, ist das Integral

$$\int \frac{\alpha^2 e^{\frac{i\alpha d}{c}\sin\varphi}\, d\alpha}{(q^2 + \alpha^2)(\nu^2 + \alpha^2)(\nu^{*2} + \alpha^2)}$$

längs dem oberen Halbkreis der Figur 3 gleich null, und

$$\frac{1}{2\pi}\int_{-\infty}^{+\infty} \frac{\alpha^2 e^{\frac{i\alpha d}{c}\sin\varphi}\, d\alpha}{(q^2 + \alpha^2)(\nu^2 + \alpha^2)(\nu^{*2} + \alpha^2)} = \frac{q^2 e^{-\frac{qd}{c}\sin\varphi}}{-2q(\nu^2 - q^2)(\nu^{*2} - q^2)}$$

$$+ \frac{\nu^2 e^{\frac{\nu d}{c}\sin\varphi}}{2\nu(q^2 - \nu^2)(\nu^{*2} - \nu^2)} - \frac{\nu^{*2} e^{\frac{\nu^* d}{c}\sin\varphi}}{-2\nu^*(q^2 - \nu^{*2})(\nu^{*2} - \nu^2)} \quad . \qquad (207)$$

Durch Auswertung aller Teilintegrale aus (206) ergibt sich, wenn wir wie früher nur die Eigenschwingungen berücksichtigen und $\frac{\delta^2}{\omega^2}$ als sehr klein voraussetzen

$$U(\varphi) = \frac{1}{2L(q^2+\omega^2)}\left\{n + 2\sum_{k=1}^{n-1}(n-k)\,e^{-\frac{k d \delta}{c}\sin\varphi}\cos\left(\frac{k d \omega}{c}\sin\varphi\right)\right\} \quad (208)$$

Den Richtfaktor können wir in analoger Weise wie früher bestimmen. Es ist

$$R_n = \frac{n^2}{n + 2\sum_{k-1}^{n-1}(n-k)\left\{J_0\left(\frac{k\omega d}{c}\right) - \frac{k^2\delta^2}{\omega^2}J_0''\left(\frac{k\omega d}{c}\right) + \ldots\right\}} \quad (209)$$

also bei praktisch vorkommenden Werten von $\frac{\delta^2}{\omega^2}$ und nicht allzu großem n mit sehr guter Annäherung gleich dem Richtfaktor für ungedämpfte Wellen (201), so daß wir für die Berechnung der Richteigenschaften unbedenklich mit ungedämpften Wellen rechnen dürfen. Wesentlich ist aber, daß die Eigenschwingungen aller Antennen genau gleich sind, sowohl in bezug auf die Dämpfung wie auf die Frequenz.

Statt abgestimmter Antennen kann man natürlich auch aperiodische Antennen verwenden. Es werden dadurch die Schwierigkeiten der genauen Abgleichung aller Einzelsysteme in bezug auf Dämpfung und Frequenz vermieden. Wesentlich ist aber, die Anordnung so auszuführen, daß alle Antennen den Sammelkreis im gleichen Maße beeinflussen. Dieser Bedingung ist nicht so schwer zu genügen wie der erstgenannten. Der Übelstand einer geringeren Signalstärke ist durch entsprechende Verstärkung leicht zu beseitigen.

---

5. Einseitige Richtfähigkeit.

Die Energiediagramme der bis jetzt behandelten Systeme sind mit Ausnahme der Systeme, bei denen die Einzel-Antennen in der Richtung des Signales liegen und die Phasen geändert werden (vgl. 200), in bezug auf die zwei Koordinatenachsen *ox* und *oy* symmetrisch. Man hat in den letzten Jahren besonders Empfangssysteme mit unsymmetrischen Richtungsdiagrammen ausgebildet. Eine der bekanntesten Anordnungen ist die Kombination Rahmen-vertikale Antenne[19]), die bei geeigneter Abstimmung und Kopplung ein einseitiges Richtungsdiagramm besitzt. Besonders in den Vereinigten Staaten von Amerika haben diese Empfänger gute Dienste geleistet, da es sich herausstellte, daß ein beträchtlicher Teil der Störungen gerade aus der entgegengesetzten Richtung wie die Signale aus Europa kam. Solange die beiden Antennen ohne merkliche gegenseitige Kopplung extrem lose mit einem dritten Kreise gekoppelt sind, ist die Theorie sehr einfach. Die Gleichungen für die Spannungen v und v' im Rahmen und in der vertikalen Antenne sind, bei Annahme gleicher Konstanten der beiden Antennen und bei Erregung durch eine ungedämpfte Welle

$$\left.\begin{aligned} LC\frac{d^2 v}{d t^2} + RC\frac{dv}{dt} + v &= \frac{\omega O}{c} E \sin \omega t \cos \varphi \\ LC\frac{d^2 v'}{d t^2} + RC\frac{dv'}{dt} + v' &= h E \cos \omega t \end{aligned}\right\} \quad . \quad . \quad (210)$$

Bei Abstimmung, also wenn

$$\omega^2 L C = 1,$$

ist

$$\left.\begin{aligned} RC\frac{dv}{dt} &= Ri = \frac{\omega O}{c} E \sin \omega t \cos \varphi \\ RC\frac{dv'}{dt} &= Ri' = h E \cos \omega t \end{aligned}\right\} \quad . \quad . \quad . \quad (211)$$

Weil i und i' einen Phasenunterschied gleich $\frac{\pi}{2}$ haben, kann man bei Abstimmung durch Kombination von i und i' nimmer eine einseitige Richtwirkung erhalten, sondern es müssen vielmehr i und $\frac{di'}{dt}$ oder $\frac{di}{dt}$ und i' kombiniert werden. Das resultierende Signal ist dann z. B. proportional dem Ausdruck

$$i' + a\frac{di}{dt} \quad . \quad . \quad . \quad . \quad . \quad . \quad . \quad . \quad . \quad (212)$$

wobei a eine durch die gewählte Schaltungsanordnung bestimmte Konstante ist. Die empfangene Energie ist proportional dem Quadrate von (212), und die Gleichung des Energiediagrammes heißt

$$U(\varphi) = \left(h + \frac{a\,\omega^2 O}{c} \cos \varphi\right)^2 \quad . \quad . \quad . \quad . \quad (213)$$

Fassen wir dann U und φ als Polarkoordinaten auf und konstruieren die Kurve, welche durch die Gleichung (213) dargestellt wird, so erhalten wir die bekannten herzförmigen Diagramme. Es ist jedoch (213) nicht die Gleichung des Kardioids, wenn $h = \frac{a\,\omega^2 O}{c}$, denn diese lautet in Polarkoordinaten:

$$\varrho = a\,(1 + \cos \varphi).$$

Dann stellt der Radius vector die Stromamplitude vor, während in (213) der Radius vector die Energie bezeichnet.

Aus der Gleichung des Diagrammes sieht man unmittelbar, daß durch geeignete Wahl von h und O die Empfangsstärke aus jeder beliebigen Richtung gleich null gemacht werden kann. In der einfachsten Form geschrieben lautet die Gleichung

$$U(\varphi) = (1 + a\cos\varphi)^2 \quad . \quad . \quad . \quad . \quad . \quad . \quad (214)$$

Der Richtfaktor ist:

$$R = \frac{2\pi(1+a)^2}{\int\limits_0^{2\pi}(1+a\cos\varphi)^2\,d\varphi} = \frac{2(1+a)^2}{2+a^2} \quad . \quad . \quad . \quad (215)$$

Ist, wie in Fig. 15, das Diagramm einseitig, d. h. ist $a = 1$, so ist

$$R = \frac{8}{3}.$$

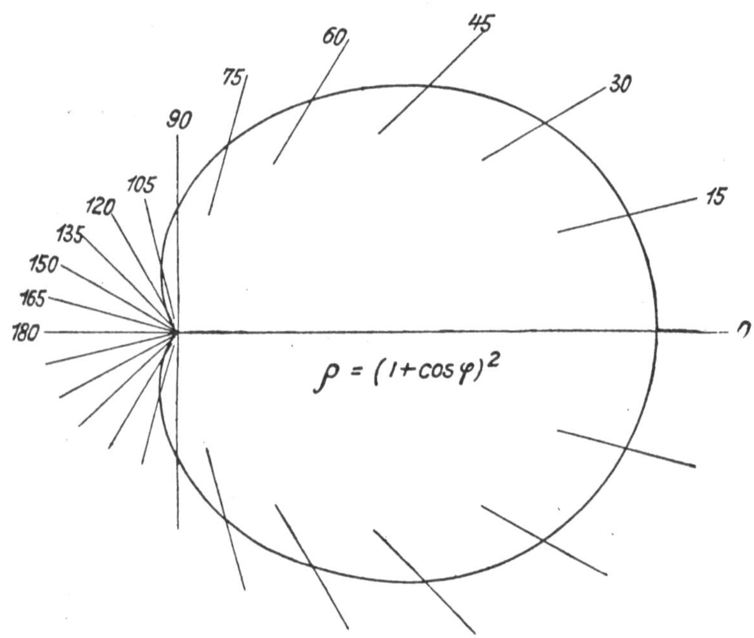

Fig. 15.

R ist aber Maximum, wenn $a = 2$, wie man leicht findet, wenn man a aus der Gleichung auflöst

$$\frac{dR}{da} = 0.$$

Es ist $R_{max} = 3$.

Aus den Richtungen $\varphi = \frac{2\pi}{3}$ und $\varphi = \frac{4\pi}{3}$ ist dann kein Empfang möglich, und das Diagramm hat ungefähr die in der Figur 16 dargestellte Form.

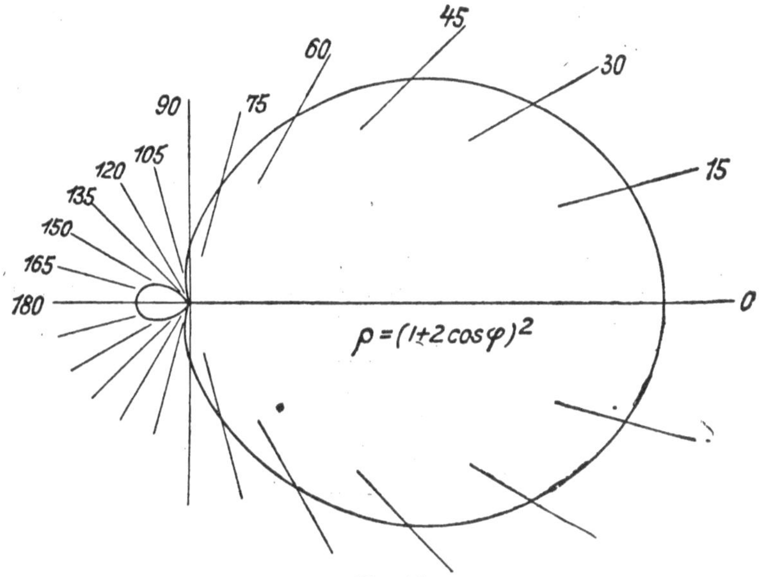

Fig. 16.

Das Richtungsdiagramm für willkürliche Störungswellen ist dasselbe wie für ungedämpfte Wellen, aber nur wenn die Bedingung erfüllt ist, daß die Eigenschwingungen der beiden Antennen genau gleich sind. Sobald die Dämpfung oder die Kreisfrequenz der Eigenschwingungen relativ geringe Unterschiede zeigen, wird das Richtungsdiagramm für Störungen erheblich geändert.

In den meisten Fällen aber darf die gegenseitige Kopplung der beiden Antennen nicht vernachlässigt werden, jedenfalls genügen die bisherigen Betrachtungen nicht, um alle auftretenden Erscheinungen zu erklären.

Um dies näher zu untersuchen, wollen wir die Wirkung der in Fig. 17 dargestellten Schaltungsanordnung[20]) betrachten. Diese

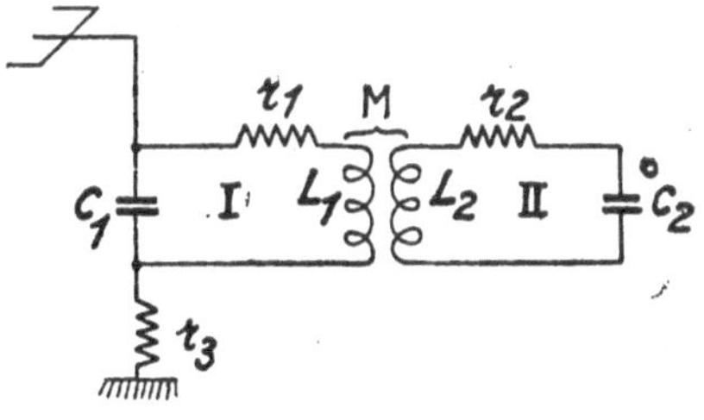

Fig. 17.

Schaltung wurde von Austin benutzt, um die Richtung von Störungswellen zu bestimmen, wozu die Anordnung aus einer vertikalen Antenne I in Schwungradschaltung bestand, die mit einem Rahmen II induktiv gekoppelt ist. Im Erdungspunkte der Antenne I ist ein Widerstand r_3 angebracht, und in Reihe mit der Antenne liegt ein Kondensator C_1, während in Nebenschluß mit diesem Kondensator eine Selbstinduktionsspule L_1 und ein Widerstand r_1 geschaltet sind. Der Rahmen enthält einen Kondensator C_2, eine Selbstinduktionsspule L_2 und einen Widerstand r_2. Der gegenseitige Induktionskoeffizient sei M. Die Eigenselbstinduktion der Antenne und den Widerstand r_3 vernachlässigen wir; die Eigenkapazität sei C'. Es sind dann bei Erregung durch eine ungedämpfte Welle die Gleichungen für die Stromstärken i_1 und i_2

$$\left.\begin{aligned} z_1 i_1 + i\alpha M i_2 &= \frac{h C'}{C_1 + C'} E e^{i\alpha t} \\ z_2 i_2 + i\alpha M i_1 &= -\frac{i\alpha O}{c} E e^{i\alpha t} \cos\varphi \end{aligned}\right\} \quad . \; . \; . \; . \quad (216)$$

wenn

$$z_1 = i\alpha L_1 + r_1 + \frac{1}{i\alpha(C_1 + C')}$$

$$z_2 = i\alpha L_2 + r_2 + \frac{1}{i\alpha C_2}$$

und daher:

$$i_1 = \frac{\dfrac{h C'}{C_1 + C'} z_2 - \dfrac{\alpha^2 M O}{c}\cos\varphi}{z_1 z_2 + \alpha^2 M^2} E e^{i\alpha t} \quad . \; . \; . \quad (217)$$

Für ein ungedämpftes Signal kann also vollkommen einseitige Richtwirkung nur dann auftreten, wenn

$$\alpha^2 L_2 C_2 = 1 \quad \text{und} \quad \frac{h C' r_2}{C_1 + C'} = \frac{\alpha^2 M O}{c} \quad . \; . \; . \quad (218)$$

Es müssen also zwei unabhängige Bedingungen erfüllt sein, erstens die Abstimmung des Rahmens auf die Signalfrequenz und die Einstellung der Kopplung in bestimmter Weise. Die Abstimmung der Antenne I ist willkürlich. Berechnet man die Stromstärke im Rahmen, so sind die Bedingungen ein wenig verschieden. Man findet dann

$$i_2 = \frac{-\dfrac{i\alpha O}{c} z_1 \cos\varphi - i\alpha M \dfrac{h C'}{C' + C_1}}{z_1 z_2 + \alpha^2 M^2} E e^{i\alpha t},$$

so daß nunmehr die Antenne auf die Signalfrequenz abgestimmt sein, die Kopplung aber einen anderen Wert haben muß. Im ersterwähnten Fall ist das Richtungsdiagramm wie vorher einseitig, wenn die Bedingungen (218) erfüllt sind. Anders steht es aber mit einer beliebigen Störung. Wir wollen der Störung die Form geben:

$$f(t) = \frac{1}{2\pi} \int_{-\infty}^{+\infty} \varphi(\alpha)\, e^{i\alpha t}\, d\alpha \quad . \quad . \quad . \quad . \quad . \quad (219)$$

und nehmen an, daß $\varphi(\alpha)$ eine derartige Form besitzt, daß der Differentialquotient dargestellt ist durch:

$$\frac{df}{dt} = \frac{1}{2\pi} \int_{-\infty}^{+\infty} i\alpha\, \varphi(\alpha)\, e^{i\alpha t}\, d\alpha.$$

Der früher angenommene Ausdruck für $\varphi(\alpha)$, nämlich $\frac{1}{q + i\alpha}$, genügt dieser Bedingung nicht, und wir dürften dann nicht in der üblichen Weise die Integration zwischen den Grenzen $-\infty$ und $+\infty$ durch Berechnung der Residue ausführen. Bei der soeben gemachten Annahme kann aber die Methode der Residue benutzt werden. Der durch die Störung in der vertikalen Antenne erzeugte Strom ist

$$i_1 = \frac{1}{2\pi} \int_{-\infty}^{+\infty} \frac{\frac{h\,C'}{C_1 + C'} z_2 - \alpha^2 \frac{M\,O}{c} \cos\varphi}{z_1 z_2 + \alpha^2 M^2}\, \varphi(\alpha)\, e^{i\alpha t}\, d\alpha \quad . \quad (220)$$

Ist z. B.

$$\varphi(\alpha) = \frac{p}{(q + i\alpha)(p + i\alpha)},$$

dann ist

$$f(t) = \frac{p\,e^{-qt}}{p - q} - \frac{p\,e^{-pt}}{p - q}.$$

Wir können p sehr groß gegen q nehmen, dann ist $f(t)$, mit Ausnahme der Werte von t in der Nähe von Null, nahezu gleich e^{-qt}. Nur das unstetige Vorderende der Störungswelle kommt zum Fortfall. Um die Eigenschwingungen leicht berechnen zu können, setzen wir

$$z_1 = z_2 = z.$$

Es kann der Nenner in der Form geschrieben

$$(z - i\alpha M)(z + i\alpha M),$$

und es ist

$$i_1 = \frac{1}{2\pi} \int_{-\infty}^{+\infty} \frac{\frac{h\,C'}{C_1 + C'} z - \alpha^2 \frac{M\,O}{c} \cos\varphi}{(z - i\alpha M)(z + i\alpha M)}\, \varphi(\alpha)\, e^{i\alpha t}\, d\alpha \quad . \quad (221)$$

Wenn jetzt ν eine der Wurzeln des ersten Gliedes des Nenners ist, wird der zu dieser Wurzel gehörige Teil von i_1 gleich

$$\frac{\nu^2 M\left\{\frac{hC'}{C_1+C'}+\frac{\nu O}{c}\cos\varphi\right\}\varphi(\nu)e^{\nu t}}{(L-M)(\nu-\nu^*)\{z(\nu)+\nu M\}}=\frac{\nu\left(\frac{hC'}{C_1+C'}+\frac{\nu O}{c}\cos\varphi\right)\varphi(\nu)e^{\nu t}}{2(L-M)(\nu-\nu^*)} \tag{222}$$

Die Richtungseigenschaften sind nur von dem Faktor

$$\frac{hC'}{C_1+C'}+\frac{\nu O}{c}\cos\varphi$$

abhängig, und weil der eine Teil reell, der andere dagegen vorwiegend imaginär ist, besteht keine einseitige Richtwirkung.

Wenn man aber einen dritten Kreis extrem lose mit der Antenne koppelt und diesen auf die Signalfrequenz abstimmt, kann man auch für Störungen eine ähnliche Richtwirkung bekommen wie für die Signale. Damit die ursprünglich vorhandenen Kopplungsschwingungen nicht störend wirken, ist es dann vorteilhaft, die Kopplung M sehr fest zu wählen. Die beiden ersten Kopplungsfrequenzen rücken dann weit auseinander und beeinflussen den dritten Kreis nur in geringem Maße, besonders wenn noch dazu der Widerstand r des Rahmens und der Antenne vergrößert wird. In diesem Falle brauchen wir nur mit der Eigenschwingung im letzten Kreise zu rechnen. Wenn die komplexe Eigenfrequenz ν_3 ist, so wird die Richtfähigkeit bestimmt durch den Ausdruck

$$\frac{hC'}{C_1+C'}z(\nu_3)+\nu_3{}^2\frac{MO}{c}\cos\varphi \quad . \quad . \quad . \quad . \quad . \tag{223}$$

Weicht dann die Kreisfrequenz der Eigenschwingung nur wenig von derjenigen des Signales ab, und ist die Dämpfung gering, insbesondere niedrig gegenüber den Dämpfungen der beiden anderen Eigenschwingungen, so ist die Richtwirkung für beliebige Störungen nahezu dieselbe wie für ein ungedämpftes Signal.

Wenn man einen abgestimmten Kreis extrem lose koppelt mit II, so läßt sich für ein breites Spektralgebiet die einseitige Richtwirkung erzielen, wenn man z_1 so wählt, daß der Ohmsche Widerstand groß und die Reaktanz sehr gering ist. Selbstverständlich bekommt man dann auch für Störungen einseitige Richtwirkung, wenn man dafür sorgt, daß die Eigenfrequenz des dritten Kreises in diesem Spektralgebiete liegt.

Man kann dieses System dahin zu erweitern versuchen, daß man statt eines einzelnen Empfangssystemes mehrere anordnet z. B. in einer Richtung senkrecht zur oder in der Fortpflanzungsrichtung des Signales. Es entstehen dann ähnliche Systeme, wie sie im Abschnitt 2 behandelt sind, wobei aber jede einzelne Antenne durch eine Kombination: Rahmen-Vertikale Antenne ersetzt ist. Einfachheitshalber wollen wir hier nur den Fall behandeln, daß die Empfänger in einer Geraden senkrecht zur Fortpflanzungsrichtung des Signales angeordnet sind. Dann sind die Ströme in den einzelnen Antennen entsprechend (217)

$$J_m = \frac{\frac{h C'}{C_1 + C'} z - \omega^2 M \frac{O}{c} \cos \varphi}{z^2 + \omega^2 M^2} e^{i \omega \left(t - \frac{(m-1) d \sin \varphi}{c} \right)} \quad . \quad (224)$$

wenn wir dieselben Bezeichnungen benützen wie in Abschnitt 2.

Die Stromstärke im eigentlichen Empfangskreise ist proportional der Summe der Stromstärken in den einzelnen Antennen, so daß in gekürzter Form der Empfangstrom gleich

$$J = A e^{i \omega t} \sum_{m=1}^{n} e^{-(m-1) i u}$$

ist. Der reelle Teil von J ist

$$A \left[\cos \omega t \left\{ 1 + \sum_{m=1}^{n-1} \cos m u \right\} + \sin \omega t \sum_{m=1}^{n-1} \sin m u \right].$$

Die Energie $U(\varphi)$ ist daher proportional

$$A^2 \{ n + 2(n-1) \cos u + 2(n-2) \cos 2u + \ldots \} \quad . \quad (225)$$

Weil die absoluten Werte der Energie uns nicht interessieren, können wir setzen

$$A = 1 + a \cos \varphi,$$

und wir brauchen daher, um den Richtfaktor zu finden, nur die drei typischen Integrale

$$\int_0^{2\pi} \cos u \, d\varphi = \int_0^{2\pi} \cos (x \sin \varphi) \, d\varphi$$

$$\int_0^{2\pi} \cos \varphi \cos (x \sin \varphi) \, d\varphi$$

$$\int_0^{2\pi} \cos^2 \varphi \cos (x \sin \varphi) \, d\varphi$$

zu berechnen. Das mittlere Integral ist aber gleich Null, und die Berechnung der beiden anderen haben wir schon früher ausgeführt.

Es war

$$\int_0^{2\pi} \cos (x \sin \varphi) \, d\varphi = 2\pi J_0(x)$$

$$\int_0^{2\pi} \cos^2 \varphi \cos (x \sin \varphi) \, d\varphi = \pi \{ J_0(x) + J_2(x) \},$$

und der Richtfaktor ist

$$R_n = \frac{2(1+a)^2 n^2}{(2+a^2)\left[n + 2\sum_{k=1}^{n-1}(n-k)\left\{J_0(kx) + \frac{a^2}{2+a^2} J_2(kx)\right\}\right]} \qquad (226)$$

Wenn $n = 2$, so erhalten wir demnach

$$R_2 = \frac{8(1+a)^2}{(2+a^2)\left(2 + 2J_0(x) + \frac{2a^2}{2+a^2} J_2(x)\right)} \quad . \quad . \quad (227)$$

Aus dieser Formel kann man die früher gefundenen Formeln (195) und (201) wieder zurückfinden, wenn man setzt $a = \infty$ und $a = 0$.

Wenn $a = 1$ ist die einseitige Richtwirkung vollkommen, d. h. aus der entgegengesetzten Richtung des Signales ist überhaupt kein Empfang möglich. Es ist dann

$$R_2 = \frac{16}{3\left\{1 + J_0(x) + \frac{1}{3} J_2(x)\right\}}.$$

Das Maximum von R_2 liegt etwa bei $x = 4$, und es ist dann

$$R_{2\,\max} = 7 \cdot 7.$$

Wir hatten früher gefunden, daß der Richtfaktor des einzelnen Systemes am größten bei $a = 2$ war. Setzen wir diesen Wert in (227) ein, dann ist

$$R_2 = \frac{6}{1 + J_0(x) + \frac{2}{3} J_2(x)}.$$

Ein erstes Maximum liegt etwa bei $x = 4 \cdot 5$ und ist ungefähr gleich $7 \cdot 3$. Der Richtfaktor ist also viel größer als bei der Verwendung von Einzelantennen. Die Abmessungen sind ungefähr von derselben Größenordnung wie bei den früher behandelten Systemen. Es hat R_2 bei größeren Werten von x noch mehrere Maxima, aber das absolut größte ist das zuerst erwähnte.

Auch hier bringt die abwechselnd entgegengesetzte Schaltung der einzelnen Empfangssysteme keinen besonderen Vorteil.

Man erkennt, warum die Abstände x so zu wählen sind, daß R sein Maximum erhält, wenn man den gefundenen Maximalwert im letztbehandelten Falle mit dem Werte von R_2 vergleicht, und wie bei den früher vorgeschlagenen Anordnungen von Bellini u. a. der Abstand d gleich einer halben Wellenlänge ist. Es wird dann,

$$R_2 = \frac{6}{1 + J_0(\pi) + \frac{2}{3} J_2(\pi)} = 5 \cdot 7.$$

Die gefundenen Ausdrücke für die Richtfaktoren gelten auch für beliebige Störungen. Voraussetzung ist dabei aber, daß jedes der Einzelsysteme mit einem dritten Kreise lose gekoppelt ist, und die Eigenschwingung dieses dritten Kreises eine erhebliche geringere Dämpfung besitzt als die Kopplungsschwingungen des Systems Rahmen-Antenne.

6. Die gestreckte horizontale Antenne.

Ableitung der Grundgleichungen.

Die oben behandelten richtfähigen Empfangssysteme können bis zu einem gewissen Grade durch lang gestreckte horizontale Antennen[21]) ersetzt und teilweise als Rahmen mit nur einer Windung aufgefaßt werden, die oft nach dem Namen des Erfinders Beverage-Antennen heißen. Die Richtungsdiagramme stimmen einerseits in vielem mit denen der vorher besprochenen Empfangssysteme überein, weichen aber andrerseits in mancher Hinsicht von ihnen ab. Wir denken uns die Antenne längs der Abszissenachse gestreckt und wollen den Effekt einer aus beliebiger Richtung einfallenden ungedämpften Welle berechnen. Der Anfang der Antenne liege bei $x=0$, die Gesamtlänge sei l und die Höhe h. Die Selbstinduktion, Kapazität und Widerstand pro Längeneinheit seien L, C und R, die vertikalen Seiten bei $x=0$ und $x=l$ mögen die Impedanzen z_1 und z_n darstellen. Wir können dann auf Grund der üblichen Kabelgleichungen die in der Antenne auftretenden Ströme berechnen. Allerdings bekommen wir dann Formeln, welche die wirklichen Erscheinungen nur annähernd darstellen, aber eine vollkommen strenge Behandlung wäre nur auf Grund der Maxwellschen Gleichungen möglich, und dieser Aufgabe ist die heutige Analyse nicht gewachsen. Wir wollen daher, wie bei den Kabelleitungen, eine Ersatzschaltung für unsere Antenne ableiten, etwa die Antenne durch das in Fig. 18

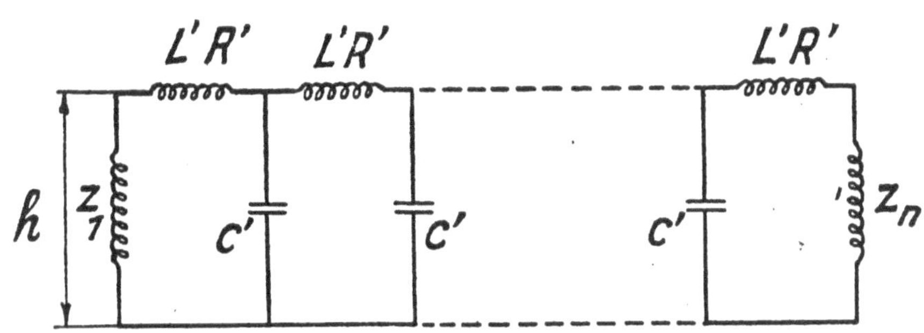

Fig. 18.

dargestellte Gebilde ersetzen. Die ganze Leitung ist hier in eine große Zahl von einzelnen Gliedern mit konzentrierter Selbstinduktion, Kapazität und Widerstand unterteilt. Die verteilte Kapazität ist also durch eine große Zahl von kleinen Kapazitäten C' ersetzt, die durch induktions- und widerstandsfreie Leitungen mit den Selbstinduktionen L' und den Widerständen R' verbunden sind. Wir können dann in der üblichen Weise die Gleichungen für die Stromstärken in den einzelnen Gliedern aufstellen. Die einfallende Welle stellen wir wieder dar durch den Ausdruck:

$$E_s = E e^{i\omega\left(t - \frac{x\cos\varphi + y\sin\varphi}{c}\right)} \quad . \; . \; . \; . \; . \quad (228)$$

Es seien die Stromstärken in den aufeinander folgenden Gliedern der Kette mit i_1, i_2 usw., und die Stromstärken in den Kapazitäten C' mit i_1', i_2' bezeichnet usw. Sind dann die den vertikalen Stromverzweigungen induzierten elektromotorischen Kräfte E_0, E_1 usw., so lauten die Gleichungen für die Stromstärken in den aufeinanderfolgenden Gliedern:

$$h E_0 - i_1 z_1 - (i\omega L' + R') i_1 - \frac{1}{i\omega C'} i_1' - h E_1 = 0$$

$$h E_1 + \frac{1}{i\omega C'} i_1' - (i\omega L' + R') i_2 - \frac{1}{i\omega C'} i_2' - h E_2 = 0$$

$$h E_2 + \frac{1}{i\omega C'} i_2' - (i\omega L' + R') i_3 - \frac{1}{i\omega C'} i_3' - h E_3 = 0$$

usw.

Die Gleichung für die Stromstärke im letzten Gliede ist:

$$h E_{n-1} + \frac{1}{i\omega C'} i'_{n-1} - (i\omega L' + R') i_n - i_n z_n - h E_n = 0,$$

und

$$i_m = - i'_{m-1} + i_{m-1}.$$

Wir können jetzt von der Ersatzschaltung zur Antenne übergehen, wenn wir n ins Unendliche wachsen lassen und die Länge jedes einzelnen Gliedes gleich dx nehmen. Setzen wir dann noch

$$i_m = i(x), \qquad E_m = E(x),$$

so erhalten wir aus der Gleichung für die Stromstärke in einem beliebigen Gliede

$$h(E_m - E_{m+1}) + \frac{1}{i\omega C'} i'_m - (i\omega L' + R') i_{m+1} - \frac{1}{i\omega C'} i'_{m+1} = 0,$$

unter Benutzung der Beziehungen

$$i\omega L' + R' = (i\omega L + R) dx \quad \text{und} \quad i\omega C' = i\omega C dx,$$

die Differentialgleichung:

$$-h\frac{dE}{dx}+\frac{1}{i\omega C}\frac{d^2i}{dx^2}-(i\omega L+R)\,i(x)=0.$$

Die Gleichungen für die Stromstärken im ersten und letzten Gliede vereinfachen sich zu:

$$\left.\begin{aligned} i(0)z_1-\frac{1}{i\omega C}\frac{d\,i(x)}{dx_{x=0}}=0\\ i(l)z_n+\frac{1}{i\omega C}\frac{d\,i(x)}{dx_{x=l}}=0\end{aligned}\right\} \quad \ldots\ldots \quad (229)$$

Die Spannung gegen Erde ist

$$v=E-\frac{1}{i\omega C}\frac{di}{dx}.$$

Setzen wir jetzt den dem Ausdrucke (228) entsprechenden Wert von E ein, und lassen den Faktor $e^{i\omega t}$ fort, indem wir schreiben

$$i(x)=J(x)e^{i\omega t},$$

so bekommen wir schließlich die Differentialgleichung:

$$\frac{d^2J}{dx^2}-i\omega C(i\omega L+R)J=\frac{h\omega^2 C\cos\varphi}{c}Ee^{-\frac{i\omega x\cos\varphi}{c}} \quad . \quad (230)$$

oder in gekürzter Form

$$\frac{d^2J}{dx^2}+\beta^2 J=a\,e^{i\varrho x} \quad \ldots\ldots\ldots \quad (230')$$

Es ist hierbei

$$\left.\begin{aligned} \beta^2&=-i\omega C(i\omega L+R)\\ a&=\frac{hE\omega^2C\cos\varphi}{c}\\ \varrho&=-\frac{\omega\cos\varphi}{c}\end{aligned}\right\} \quad \ldots\ldots \quad (231)$$

Weiter müssen am Anfang und Ende der Leitungen gewisse Bedingungen erfüllt sein, die ihren Ausdruck in den Gleichungen (229) finden, oder in

$$\left.\begin{aligned} Jz_1-\frac{1}{i\omega C}\frac{dJ}{dx}=0\ \ (x=0)\\ Jz_n+\frac{1}{i\omega C}\frac{dJ}{dx}=0\ \ (x=l)\end{aligned}\right\} \quad \ldots\ldots \quad (232)$$

Mit Hilfe dieser Gleichungen kann man sich ein ungefähres Bild von den in langen Leitungen auftretenden Erscheinungen machen. Soll es aber nicht allzu viel von der Wirklichkeit abweichen, so muß die Höhe h gering sein. Man kann sich dies in der folgenden Weise klar machen. Wenn irgend ein Leiter sich in einem elektromagnetischen Felde befindet, gehen von der Oberfläche dieses Leiters elektrische Induktionslinien aus, die ihren Ursprung in einer positiven Ladung irgend eines Teiles des Leiters, und ihr Ende in einer gleich großen negativen Ladung finden. Diese Induktionslinien ersetzen wir in unserer Vorstellung durch induktions- und widerstandsfreie Leitungen mit einer Kapazität, die bei der nämlichen Spannung zwischen den Verbindungspunkten mit der Leiteroberfläche genau dieselbe Ladung besitzen soll wie diese Oberfläche. Wir ersetzen also den in Wirklichkeit auftretenden dielektrischen Verschiebungsstrom, dessen Verteilung derjenigen der elektrischen Induktionslinien entspricht, durch einen Strom in einer metallisch leitenden Strombahn. Dagegen wäre nicht viel einzuwenden, wenn man diese metallische Strombahn genau so verteilen könnte wie die in Wirklichkeit auftretenden Induktionslinien. Für unsere Ersatzschaltung trifft dies aber keineswegs zu, denn die Induktionslinien verlaufen nicht wie in dieser ausschließlich auf dem kürzesten Wege von einem Leiter bis zum anderen, sondern biegen seitlich aus und kehren dann im gegenüber liegenden Punkte des andern Leiters zurück. Auch wird die Fortpflanzungsgeschwindigkeit vernachlässigt, wenn man die Induktionslinien durch metallisch leitende Strombahnen ersetzt und es werden mit Rücksicht auf das oben Gesagte die gefundenen Gleichungen nur mit genügender Annäherung gültig sein können, sobald die Drähte so dicht aneinanderliegen, daß das elektrische Feld auf die nächste Umgebung der Drähte beschränkt ist. Dies wollen wir daher bei den jetzt folgenden Betrachtungen immer voraussetzen, und dementsprechend die Höhe h sehr gering im Vergleich mit den horizontalen Abmessungen nehmen.

Wir gehen jetzt zur Integration der Gleichung (230′) über. Bekanntlich hat das allgemeinste Integral die Form

$$J = A e^{i\beta x} + B e^{-i\beta x} + \frac{a}{\beta^2 - \varrho^2} e^{i\varrho x} \quad . \quad . \quad . \quad . \quad (233)$$

und wegen der Bedingungsgleichungen (232) wird

$$A\left(z_1 - \frac{\beta}{\omega C}\right) + B\left(z_1 + \frac{\beta}{\omega C}\right) = \frac{-a z_1 + \dfrac{a\varrho}{\omega C}}{\beta^2 - \varrho^2},$$

$$A\left(z_n + \frac{\beta}{\omega C}\right) e^{i\beta l} + B\left(z_n - \frac{\beta}{\omega C}\right) e^{-i\beta l} = \frac{-a z_n - \dfrac{a\varrho}{\omega C}}{\beta^2 - \varrho^2} e^{i\varrho l}.$$

Daher

$$
\left.\begin{aligned}
A &= \frac{a}{\beta^2-\varrho^2}\,\frac{\left(z_1+\frac{\beta}{\omega C}\right)\left(z_n+\frac{\varrho}{\omega C}\right)e^{i\varrho l}-\left(z_1-\frac{\varrho}{\omega C}\right)\left(z_n-\frac{\beta}{\omega C}\right)e^{-i\beta l}}{\left(z_1-\frac{\beta}{\omega C}\right)\left(z_n-\frac{\beta}{\omega C}\right)e^{-i\beta l}-\left(z_1+\frac{\beta}{\omega C}\right)\left(z_n+\frac{\beta}{\omega C}\right)e^{i\beta l}}\\
B &= \frac{a}{\beta^2-\varrho^2}\,\frac{\left(z_1-\frac{\varrho}{\omega C}\right)\left(z_n+\frac{\beta}{\omega C}\right)e^{i\beta l}-\left(z_1-\frac{\beta}{\omega C}\right)\left(z_n+\frac{\varrho}{\omega C}\right)e^{i\varrho l}}{\left(z_1-\frac{\beta}{\omega C}\right)\left(z_n-\frac{\beta}{\omega C}\right)e^{-i\beta l}-\left(z_1+\frac{\beta}{\omega C}\right)\left(z_n+\frac{\beta}{\omega C}\right)e^{i\beta l}}
\end{aligned}\right\}\quad (234)
$$

Im Ausdruck (233) ist das Glied $Be^{-i\beta x}$ eine Welle, die sich in der Richtung der positiven x-Achse fortpflanzt mit der Geschwindigkeit

$$v=\frac{1}{\sqrt{LC}},$$

während das Glied $Ae^{i\beta x}$ eine sich mit derselben Geschwindigkeit in entgegengesetzter Richtung fortpflanzende Welle darstellt. Solange $\cos\varphi>0$, kann man also diese letzte Welle als die am Ende der Leitung reflektierte Welle auffassen, bei $\cos\varphi<0$ aber, das Glied $Be^{-i\beta x}$ als die reflektierte Welle (am Leitungsanfang). Derartige Antennen wurden in letzter Zeit speziell für den Empfang kurzer Wellen benutzt. Da die Theorie dieser Gebilde sehr interessant ist, wollen wir einige spezielle Fälle untersuchen, inwiefern diese Gebilde zum Zwecke der Störungsbefreiung nutzbar gemacht werden könnten.

Auf die Richtfähigkeit dieser Art von Antennen haben wir schon im Anfang dieses Abschnittes hingewiesen, im nächstfolgenden wollen wir die Empfangseigenschaften besprechen für den Fall, daß die Wellen sich in der Richtung der Antenne fortpflanzen, und die Richtfähigkeit selbst werden wir in einem weiteren Abschnitt untersuchen.

---

7. Der Empfang von Wellen, die sich in der Antennenrichtung fortpflanzen.

Je nachdem sich die Wellen in der positiven oder in der negativen x-Richtung fortpflanzen, müssen wir φ gleich null oder gleich π setzen. Wir betrachten nur die Stromstärke bei $x=0$ und fanden bereits für diesen Fall (233)

$$J(0)=A+B+\frac{a}{\beta^2-\varrho^2}\quad . \quad . \quad . \quad . \quad . \quad (235)$$

wobei A und B durch (234) gegeben, die übrigen Größen aber durch die Gleichungen (231) definiert sind. Nehmen wir wie in allen praktisch vorkommenden Fällen an, daß der induktive Widerstand der Leitung gegenüber dem Ohmschen Widerstand groß ist, so können wir setzen (231), wenn die Fortpflanzungsgeschwindigkeit gleich v ist:

$$\beta = \sqrt{\omega^2 LC - i\omega RC} = \omega\sqrt{LC} - \frac{iR}{2}\sqrt{\frac{C}{L}} = \frac{\omega}{v} - \frac{iRCv}{2}.$$

Weiter ist

$$\varrho = \mp \frac{\omega}{c},$$

je nachdem die einfallende Welle sich in der positiven oder in der negativen x-Richtung fortpflanzt.

Durch Einsetzung der gefundenen Werte von A und B (234) in (235) erhalten wir

$$J(0) = \frac{a}{\beta^2 - \varrho^2}\frac{1}{N}\left\{\frac{2\beta}{\omega C}\left(z_n + \frac{\varrho}{\omega C}\right)e^{i\varrho l} + \frac{\varrho - \beta}{\omega C}\left(z_n - \frac{\beta}{\omega C}\right)e^{-i\beta l}\right.$$
$$\left. - \frac{\varrho + \beta}{\omega C}\left(z_n + \frac{\beta}{\omega C}\right)e^{i\beta l}\right\} \quad . \quad . \quad . \quad (236)$$

wobei N den Nenner des zweiten Faktors in den Ausdrücken (234) für A und B darstellt.

Wenn die Fortpflanzungsgeschwindigkeit der Drahtwellen gleich der Geschwindigkeit der freien Wellen, also

$$\frac{1}{\sqrt{LC}} = c,$$

so nähert sich der Ausdruck zwischen Akkoladen der Null, wenn R verschwindet und ϱ gleich $\mp \frac{\omega}{c}$ ist. Ist ϱ gleich $-\frac{\omega}{c}$, fällt die Welle also von der linken Seite ein, so können wir setzen

$$\beta = -\varrho + \varepsilon,$$

und unter Vernachlässigung der Quadrate und höheren Potenzen von ε finden wir:

$$J(0) = \frac{a}{\beta - \varrho}\frac{1}{N}\left\{\frac{1}{\omega C}\left(z_n - \frac{\varrho}{\omega C}\right)\left(e^{i\varrho l} - e^{-i\varrho l}\right) - \frac{2\varrho i l}{\omega C}\left(z_n + \frac{\varrho}{\omega C}\right)e^{i\varrho l}\right\}$$
$$= -\frac{aci}{\omega^2 C}\frac{1}{N}\left\{\left(z_n + \frac{1}{cC}\right)\sin\frac{\omega l}{c} - \frac{\omega l}{c}\left(z_n - \frac{1}{cC}\right)e^{-\frac{i\omega l}{c}}\right\} \quad . \quad (237\,a)$$

Bei Einfall der Welle aus der entgegengesetzten Richtung ist

$$J(0) = \frac{aci}{\omega^2 C}\frac{1}{N}\left\{z_n - \frac{1}{cC}\right)\sin\frac{\omega l}{c} - \frac{\omega l}{c}\left(z_n + \frac{1}{cC}\right)e^{\frac{i\omega l}{c}}\right\} \quad (237\,b)$$

Der Vergleich dieser beiden Ausdrücke zeigt sofort, daß die Empfangstärke aus beiden Richtungen nicht dieselbe ist. Man kann sogar durch geeignete Wahl der Impedanz z_n und der Antennenlänge l den Empfang aus der Richtung $\varphi = 0$ vollkommen unterdrücken. Es genügt dazu z_n gleich $\frac{1}{cC}$ zu wählen und l so zu bestimmen, daß

$$\sin \frac{\omega l}{c} = 0, \quad \text{oder} \quad l = \frac{k\lambda}{2},$$

wo k irgend eine ganze Zahl ist. Es äußert dann die Antenne eine vollkommen einseitige Richtwirkung. Die Richtungsdiagramme wollen wir im nächsten Abschnitt berechnen, in diesem dagegen die Frage beantworten, unter welchen Bedingungen die größten Stromstärken zu erhalten sind. Der Faktor zwischen Akkoladen verursacht keinerlei Schwierigkeiten, denn bei genügender Länge wird immer der zweite Teil größer sein als der erste. Weil nämlich bei beliebigen z_n die Ausdrücke $z_n + \frac{1}{cC}$ und $z_n - \frac{1}{cC}$ von derselben Größenordnung sind, wird das Verhältnis der beiden Teile mindestens gleich

$$\frac{\omega l}{c} : 1 = \frac{2\pi l}{\lambda}.$$

Wir brauchen somit l nur etwa drei bis viermal größer zu nehmen als die Wellenlänge, um den Wert des ersten Teiles bis auf 5 % des Wertes des zweiten Teiles herabzudrücken, und auch bei $l < \lambda$ ist der zweite Teil noch erheblich größer wie der erste. Den maximalen Stromwert erhalten wir somit, wenn wir ω so wählen, daß N Minimum ist, d. h. bei Resonanz. Um die Resonanzfrequenzen zu bestimmen, berechnen wir die Eigenfrequenzen, die bei geringer Dämpfung mit den Resonanzfrequenzen übereinstimmen.

Die Gleichung für die Eigenschwingungen ist:

$$\left(z_1 + \frac{\beta}{\omega C}\right)\left(z_n + \frac{\beta}{\omega C}\right) e^{i\beta l} - \left(z_1 - \frac{\beta}{\omega C}\right)\left(z_n - \frac{\beta}{\omega C}\right) e^{-i\beta l} = 0,$$

oder

$$i\left(z_1 z_n + \frac{\beta^2}{\omega^2 C^2}\right) \sin \beta l + (z_1 + z_n) \frac{\beta}{\omega C} \cos \beta l = 0.$$

Sehr einfach gestaltet sich die Berechnung der Eigenschwingungen, wenn z_1 und z_n beide gleich null sind. Es ist dann

$$\sin \beta l = 0, \quad \beta l = k\pi,$$

und die Resonanzfrequenzen sind

$$\omega_k = \frac{k\pi c}{l}, \text{ wenn } k = 0, 1 \ldots \infty.$$

Den Fall $k = 0$ können wir außer Betracht lassen. Der Nenner N im Ausdruck (236) wird jetzt

$$N = \pm \frac{Rl}{cC},$$

und die Stromstärke somit

$$|J(0)| = \frac{ac}{\omega^2 C} \cdot \frac{cC}{Rl} \cdot \frac{\omega l}{c^2 C} = \frac{2\pi h E}{R\lambda}.$$

Die Gesamtlänge der Antenne hat also keinen Einfluß auf die Empfangsstärke, und eine Vergrößerung der Länge kann nur den Richteffekt verbessern. Es sei bemerkt, daß bei diesen Werten von z_1 und z_n keine einseitige Richtwirkung auftritt. Wenn wir noch Zähler und Nenner mit l multiplizieren und Rl ersetzen durch R_g, den Gesamtwiderstand, so erhalten wir die Formel

$$|J(0)| = \frac{2\pi h l E}{\lambda R_g} \quad \ldots\ldots\ldots \quad (238)$$

genau dieselbe Formel also, die wir beim Rahmen mit geringen Abmessungen gefunden hatten. Nur kann, wenn l sehr groß ist, der Empfangsstrom zweimal so groß werden als (238) angibt, wie wir weiter unten sehen werden.

Den wichtigsten Fall erhalten wir aber, wenn wir z_n gleich $\frac{1}{cC}$ setzen. Dann ist einseitige Richtwirkung vorhanden, und aus (237b) erhalten wir die Stromstärke

$$J(0) = \frac{2ail}{\omega c C^2} \frac{e^{\frac{i\omega l}{c}}}{N}.$$

Weil aber angenähert

$$\frac{\beta}{\omega C} = \frac{1}{cC},$$

so können wir setzen

$$N = -\frac{2}{cC}\left(z_1 + \frac{1}{cC}\right) e^{i\beta l},$$

so daß die Stromamplitude wird:

$$|J(0)| = \frac{2\pi l h E}{\lambda} \left| \frac{e^{\frac{i\omega l}{c}}}{\left(z_1 + \frac{1}{cC}\right) e^{i\beta l}} \right|.$$

Ist dann z_1 eine Induktanz $i\omega L_1$ so wird schließlich, weil $|e^{i\beta l}|$ gleich eins gesetzt werden darf, wenn l nicht allzu groß ist,

$$|J(0)| = \frac{2\pi l h E}{\lambda} \frac{1}{\sqrt{\omega^2 L_1{}^2 + \left(\frac{1}{c\,C}\right)^2}} \quad . \; . \; . \quad (239)$$

Wählt man L_1 so groß, das ωL_1 größer ist als $\frac{1}{c\,C}$, so bekommt man eine Empfangsanordnung, die für einen sehr weiten Frequenzbereich eine nahezu konstante Empfangsintensität besitzt. Bei Nichterfüllung aber der letztgenannten Bedingung ändert sich die Empfangstärke auch sehr langsam mit der Frequenz der Sendewelle, und es ist auf Grund unserer früheren Ergebnisse klar, daß das Verhältnis Signal-Störung durch die Benutzung dieser Antennensysteme nur insofern verbessert werden kann, als diese Gebilde Richteffekt besitzen.

Anscheinend läßt sich aus (239) ableiten, daß, durch Vergrößerung von l die Stromstärke beliebig gesteigert werden könnte, aber dies trifft nicht zu, wie die folgende Betrachtung zeigt. Es sei für irgend eine Frequenz

$$z_n = \frac{\beta}{\omega C}.$$

Dann folgt aus (236)

$$J(0) = \frac{a}{\beta - \varrho} \frac{1}{\omega C(z_1 + z_n)} (1 - e^{i(\varrho - \beta)l})$$

$$= \frac{a\,i}{\omega C(z_1 + z_n)} \frac{1 - e^{-\frac{R l c C}{2}}}{\frac{R c C}{2}},$$

wenn R genügend klein ist.

Nur der zweite Faktor ist von l abhängig, und wir können setzen

$$|J(0)| = \frac{2\pi h E}{\lambda} \frac{1}{|z_1 + z_n|} \frac{1 - e^{-\frac{R l c C}{2}}}{\frac{R c C}{2}},$$

Dies ist für kleine Werte von Rl gleichbedeutend mit (239). Es ist leicht ersichtlich, daß

$$\frac{d\,|J(0)|}{d\,l}$$

für alle Werte von l positiv ist, und $|J(0)|$ höchstens gleich

$$\frac{2\pi l h E}{\lambda} \frac{1}{|z_1 + z_n|} \frac{2}{c C R_g}$$

werden kann. Der Strom ist maximal, wenn $z_1 = 0$, und es ist weil bei allen Frequenzen

$$z_n \cong \frac{1}{c C},$$

$$|J(0)| = \frac{4\pi h l E}{\lambda R_g},$$

und dies ist zu gleicher Zeit der größte Wert, den der Strom im Punkte $x = 0$ annehmen kann, wie man leicht aus (236) ableiten kann. Bei diesen Rechnungen ist stets vorausgesetzt, daß der Strahlungswiderstand vernachlässigbar klein ist gegen den Verlustwiderstand, wie dies im allgemeinen zutreffen möchte.

---

8. Die Richteigenschaften der gestreckten horizontalen Antenne.

Auf Grund der allgemeinen Formel (236) vermögen wir die Gleichung der Richtcharakteristik abzuleiten, wobei wir nur den Strom im Punkte $x = 0$ betrachten wollen. Den Faktor $\frac{1}{N}$ können wir dabei außer Betracht lassen, da dieser unabhängig von der Einfallsrichtung der Wellen ist. Weil die Impedanz z_1 nicht in der Gleichung der Richtcharakteristik vorkommt, kann sie auch keinen Einfluß auf die Richtwirkung haben.

Wir wollen die Gleichung der Richtcharakteristik nicht ganz allgemein diskussieren, sondern uns auf einige wichtige Spezialfälle beschränken. Als erstes Beispiel wählen wir die Impedanz z_n gleich $\frac{\beta}{\omega C}$, so daß die Antenne einseitige Richtwirkung zeigt. Wenn wir die Geschwindigkeit der Drahtwellen wieder gleich c setzen und den Widerstand der Leitung als sehr gering annehmen, bekommen wir unter Fortlassung aller unwesentlichen Konstanten die Gleichung der Richtcharakteristik in der Form

$$|J(\varphi)| = \left| \frac{\cos\varphi}{1 + \cos\varphi} \sin\frac{\omega l}{2c}(1 + \cos\varphi) \right| \quad . \quad . \quad . \quad (240)$$

$J(\varphi)$ hat sein Hauptmaximum, wenn $\cos\varphi$ gleich -1 ist, die Welle sich also in der negativen x-Richtung fortpflanzt.

Nebenmaxima liegen, wenn $\frac{\omega l}{2c}$ groß ist bei den Werten von φ, die der Gleichung

$$\frac{\omega l}{2c}(1+\cos\varphi)=\frac{2k+1}{2}\pi$$

genügen, während die Nullstellen bestimmt sind durch die Gleichung.

$$\frac{\omega l}{2c}(1+\cos\varphi)=k\pi.$$

Der Winkelabstand der aufeinander folgenden Nullstellen ist gegeben durch die Beziehung

$$\cos\varphi_{k+1}-\cos\varphi_k=\frac{\lambda}{l}.$$

Durch einfache geometrische Betrachtung finden wir, daß im Gebiete π bis $\frac{\pi}{2}$ der Winkelabstand der Nullstellen kleiner wird und von $\frac{\pi}{2}$ bis 0 wieder zunimmt. Ihrem allgemeinen Charakter nach bestehen die Kurven insgesamt aus einem Hauptblatt, das symmetrisch in bezug auf die x-Achse ist und aus einer Anzahl kleineren Blätter, die paarweise symmetrisch zur x-Achse liegen, während immer bei $\varphi=0$ ein extremer Wert auftritt, der nur verschwindet, wenn $\frac{2l}{\lambda}$ eine ganze Zahl ist. Das Hauptblatt hat im Anfangspunkte als Tangenten die beiden Graden $\varphi=\arccos\left(\frac{\lambda}{l}-1\right)$, und beim Zeichnen der Kurve sieht man sofort, daß das zu dem Hauptmaximum gehörige Hauptblatt bei weitem den größten Teil des Flächeninhalts der Kurve (240) repräsentiert. Der Flächeninhalt O der Kurve hängt eng zusammen mit dem früher definierten Richtfaktor

$$R=\frac{2\pi J^2(\pi)}{\int\limits_0^{2\pi} J^2(\varphi)\,d\varphi}=\frac{2\pi J^2(\pi)}{2O} \quad . \quad . \quad . \quad . \quad (241)$$

und wir können somit den Richtfaktor annähernd durch Berechnung des Flächeninhalts des Hauptblattes unserer Kurve bestimmen. Wir haben also zu bestimmen das Integral:

$$2O=2\int\limits_{\pi}^{\arccos\left(-1+\frac{\lambda}{l}\right)}\frac{\cos^2\varphi}{(1+\cos\varphi)^2}\sin^2\frac{\pi l}{\lambda}(1+\cos\varphi)\,d\varphi \quad . \quad . \quad (242)$$

Wir führen die neue Integrationsvariabele

$$x = 1 + \cos\varphi$$

ein und erhalten das Integral:

$$2\,O = 2\int\limits_0^{\frac{\lambda}{l}} \frac{(1-x)^2}{x^2} \sin^2\frac{\pi l}{\lambda} x \frac{dx}{\sqrt{2x - x^2}} \quad . \quad . \quad (242\,\text{a})$$

Solange $\frac{\lambda}{l}$ kleiner ist als 1, können wir den Integrand in eine schnell konvergierende Potenzreihe nach x entwickeln und bekommen dann Teilintegrale vom Typus

$$J_m = 2\int\limits_0^{\frac{\lambda}{l}} x^m \sin^2\frac{\pi l}{\lambda} x\,dx \quad . \quad . \quad . \quad . \quad . \quad (243)$$

Durch Benutzung der Beziehung

$$\sin^2 y = \frac{1}{2}(1 - \cos 2y)$$

und Entwicklung des cos in eine Potenzreihe bekommen wir

$$J_m = \int\limits_0^{\frac{\lambda}{l}} \left\{\left(\frac{2\pi l}{\lambda}\right)^2 \frac{x^{m+2}}{2!} - \left(\frac{2\pi l}{\lambda}\right)^4 \frac{x^{m+4}}{4!} + \ldots\right\} dx$$

$$= 4\pi^2 \left(\frac{\lambda}{l}\right)^{m+1} \left\{\frac{1}{2!\,(m+3)} - \frac{4\pi^2}{4!\,(m+5)} + \ldots\right\}.$$

Weiter ist:

$$\frac{(1-x)^2}{x^2\sqrt{2x - x^2}} = \frac{1}{2^{1/2} x^{5/2}} \left\{1 - {}^7/_4\,x + {}^{19}/_{32}\,x^2 + {}^{13}/_{128}\,x^3 + \ldots\right\},$$

so daß schließlich

$$2\,O = \frac{1}{\sqrt{2}} \left\{J_{-2^1/_2} - {}^7/_4\,J_{-1^1/_2} + {}^{19}/_{32}\,J_{-1/_2} + {}^{13}/_{128}\,J_{1/_2} \ldots\right\}.$$

Die Ausrechnung ergibt:

$$2\,O = \frac{8\pi^2}{\sqrt{2}} \left(\frac{\lambda}{l}\right)^{-3/_2} \left\{0{,}326 - 0{,}096\,\frac{\lambda}{l} + 0{,}011 \left(\frac{\lambda}{l}\right)^2 + 0{,}0017 \left(\frac{\lambda}{l}\right)^3\right\} \quad (244)$$

Der Richtfaktor (241) wird jetzt, wenn wir den Ausdruck (244) beim zweiten Gliede abbrechen:

$$R = \frac{2\pi J^2(\pi)}{2\,O} = \frac{\pi\sqrt{2}}{4\left(0{,}326 - 0{,}096\,\frac{\lambda}{l}\right)} \sqrt{\frac{l}{\lambda}} \quad . \quad . \quad (245)$$

und, wenn l groß ist gegen λ ist angenähert

$$R = 3{\cdot}4 \sqrt{\frac{l}{\lambda}} \quad . \quad . \quad . \quad . \quad . \quad . \quad . \quad . \quad (245\,\mathrm{a})$$

Für geringere Werte von l genügt es nicht nur, das Hauptblatt der Kurve zu berechnen, sondern man muß 2 als obere Grenze im Integral (242 a) nehmen. Die Berechnung erfolgt in ähnlicher Weise.

In der Kurve der Fig. 19 ist der Richtfaktor in Abhängigkeit von dem Verhältnis $\frac{l}{\lambda}$ dargestellt. Seine Zunahme erfolgt mit der

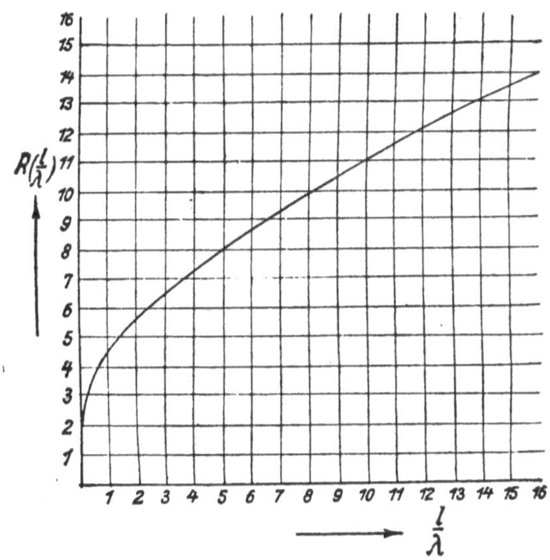

Fig. 19.

Länge der Antenne nicht sehr schnell, und nur bei kleinen Wellenlängen kann er groß sein, ohne daß die Länge der Antenne so enorme Werte anzunehmen braucht.

In den Fig. 20—22 sind einige Energiediagramme für drei verschiedene Werte von $\frac{\lambda}{l}$ dargestellt. Dabei ist zu beobachten, daß die Radiusvektoren die Energie darstellen, wenn die Welle aus der zugehörigen Richtung eintrifft, so daß die Kurven dargestellt sind durch die Gleichung in Polar-Koordinaten

$$\varrho = \frac{\lambda^2}{\pi^2 l^2} \frac{\cos^2 \varphi}{(1 - \cos \varphi)^2} \sin^2 \frac{\pi l}{\lambda} (1 - \cos \varphi).$$

Die Richtfaktoren sind ungefähr von derselben Größenordnung wie bei den in den Abschnitten 2—5 behandelten Systemen und diese langgestreckten Antennen sind aus praktischen Gründen den erstbehandelten Systemen vorzuziehen. Aus der allgemeinen

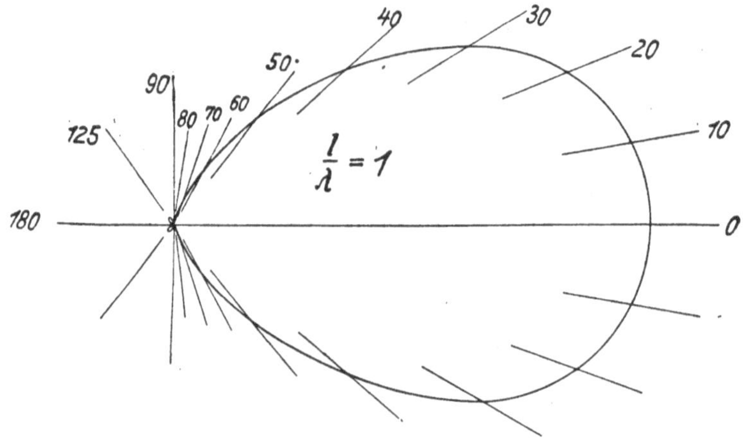

Fig. 20.

Gleichung kann leicht die Gleichung des Energiediagrammes abgeleitet werden. Die einseitige Richtwirkung geht aber verloren, sobald z_n merklich von dem Werte verschieden ist, den wir bei der obigen Berechnung angenommen haben, und es läßt sich leicht

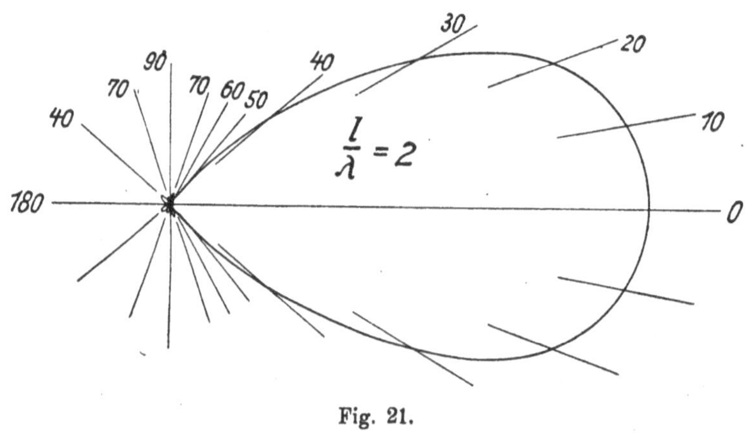

Fig. 21.

zeigen, daß der Richtfaktor in diesen Fällen erheblich kleiner sein muß als bei einseitiger Richtwirkung. Wir wollen diese Fälle aber nicht weiter besprechen, denn die Rechnungen ließen sich vermittels der gegebenen Formeln leicht ausführen. Um einen

Eindruck von der Größe des Richtfaktors zu bekommen, berechne man statt der Oberfläche des Hauptblattes den Winkel φ, der von den beiden ersten Nullrichtungen zu beiden Seiten der x-Achse

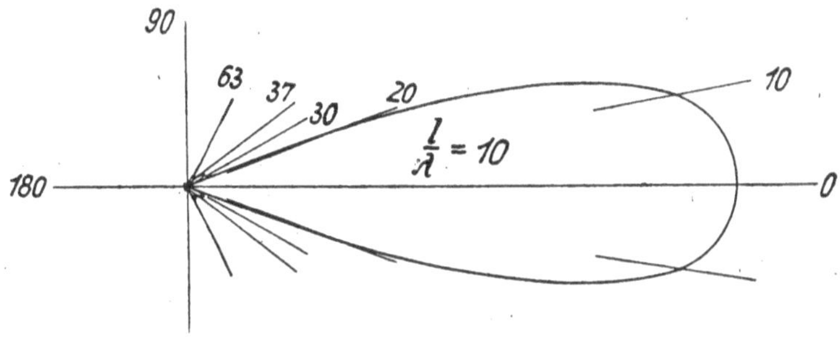

Fig. 22.

eingeschlossen wird. Im soeben behandelten Beispiele ist dieser Winkel bestimmt durch den kleinsten Wert von φ der Gleichung

$$1 - \cos\varphi = \frac{\lambda}{l}.$$

Wenn $\frac{\lambda}{l}$ nicht zu groß ist, kann man φ durch Reihenentwicklung von $\cos\varphi$ bestimmen.

Wir wollen nur noch den besonderen Fall hervorheben, daß z_1 und z_n beide unendlich groß sind. Man erhält dann einen horizontalen Draht als Antenne. Natürlich muß jetzt die Stromstärke in der Mitte, also im Punkte $x = \frac{l}{2}$ berechnet werden. Es ist dann:

$$J\left(\frac{l}{2}\right) = A e^{\frac{i\beta l}{2}} + B e^{\frac{-i\beta l}{2}} + \frac{a}{\beta^2 - \varrho^2} e^{\frac{i\varrho l}{2}}$$

$$= -\frac{a e^{\frac{i\varrho l}{2}}}{\beta^2 - \varrho^2} \cdot \frac{2\sin\frac{\beta l}{2}\cos\frac{\varrho l}{2} - \sin\beta l}{\sin\beta l} = -\frac{a e^{\frac{i\varrho l}{2}}}{\beta^2 - \varrho^2} \cdot \frac{\cos\frac{\varrho l}{2} - \cos\frac{\beta l}{2}}{\cos\frac{\beta l}{2}}.$$

Die Nullrichtungen sind bestimmt durch die Gleichung

$$\frac{\varrho l}{2} = \pm\left(\frac{\beta l}{2} \pm 2k\pi\right),$$

oder

$$\cos\varphi = \pm\left(1 \pm \frac{2k\lambda}{l}\right).$$

Wenn $\frac{\lambda}{l}$ klein ist, liegt die erste Nullstelle bei

$$\varphi = \arccos\left(1 - \frac{2\lambda}{l}\right),$$

während die Gleichung (240) ihre erste Nullstelle hatte bei

$$\varphi = \arccos\left(1 - \frac{\lambda}{l}\right),$$

also bei einem geringeren Werte von φ. Außerdem ist das Richtungsdiagramm des horizontalen Drahtes symmetrisch in Bezug auf die y-Achse, so daß der Richtfaktor erheblich kleiner ist wie im erstbehandelten Falle.

---

9. Einfluß von Unterschieden in der Geschwindigkeit der Drahtwellen und der freien Welle.

Wenn wir auch in diesem Falle setzen

$$z_n = \frac{\beta}{\omega C},$$

die Antenne also nahezu aperiodisch machen, wird die Gleichung der Richtcharakteristik, wenn v die Geschwindigkeit der Drahtwelle ist:

$$|J(0)| \sim \left| \frac{\cos\varphi}{\frac{c}{v} + \cos\varphi} \sin\frac{\pi l}{\lambda}\left(\frac{c}{v} + \cos\varphi\right) \right|.$$

Wenn wir zu φ den Winkel π addieren, das Diagramm also um 180^0 drehen, bekommen wir

$$|J(0)| \sim \left| \frac{\cos\varphi}{\frac{c}{v} - \cos\varphi} \sin\frac{\pi l}{\lambda}\left(\frac{c}{v} - \cos\varphi\right) \right|.$$

Dabei ist v immer kleiner als c. Solange der Unterschied von v und c gering ist, und dies ist im allgemeinen der Fall, sind die Abweichungen vom zuerst behandelten Falle unwesentlich. Wenn aber c und v merklich verschieden sind, kann das Diagramm einen ganz anderen Charakter bekommen. Der einseitige Richteffekt ist nicht mehr vorhanden, und die Richtung des Maximalempfanges fällt nicht mehr mit derjenigen der Antenne zusammen. In besonderen Fällen kann aber noch einseitige Richtwirkung eintreten, d. h. wenn

$$\frac{c}{v} = \frac{\lambda}{l} \frac{2n+1}{4} \quad \text{und} \quad \frac{l}{\lambda} = \frac{2n - 4m - 1}{4}.$$

In den Figuren 23—24 sind die Energiediagramme zweier Antennensysteme für verschiedene Werte von $\frac{\lambda}{l}$ und $\frac{v}{c}$ dargestellt.

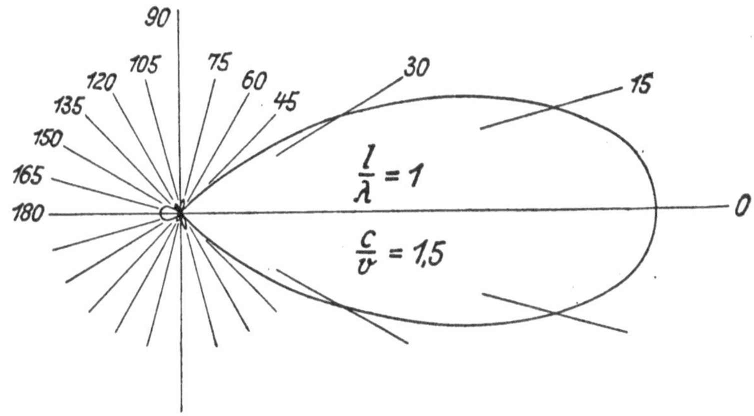

Fig. 23.

Die Gleichungen dieser Kurven sind:

$$\varrho = \left(\frac{\cos\varphi}{\frac{c}{v} - \cos\varphi} \sin\frac{\pi l}{\lambda}\left(\frac{c}{v} - \cos\varphi\right)\right)^2.$$

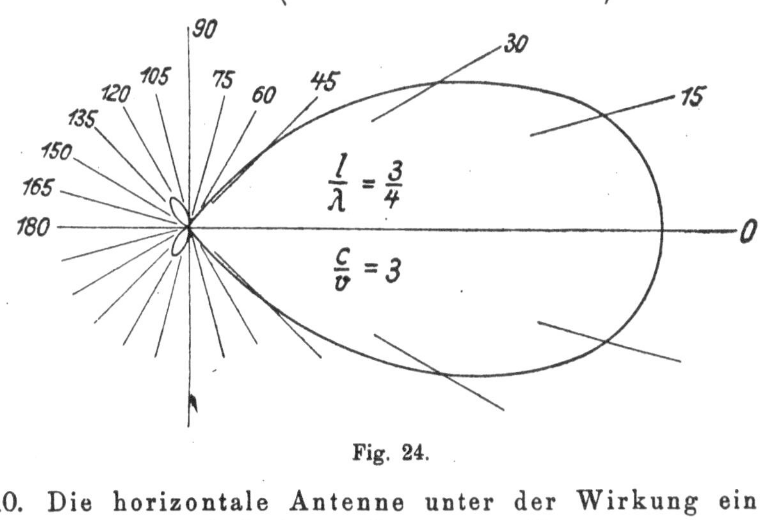

Fig. 24.

10. Die horizontale Antenne unter der Wirkung einer beliebigen Störungswelle.

Wir nehmen eine beliebige, sich mit Lichtgeschwindigkeit fortpflanzende Störungswelle an, die wir durch die Formel

$$E = f\left(t - \frac{x\cos\varphi + y\sin\varphi}{c}\right)$$

wiedergeben. Für unsere horizontale Antenne gelten die Differentialgleichungen

$$\left.\begin{aligned}\frac{1}{C}\frac{\partial^2 i}{\partial x^2}-L\frac{\partial^2 i}{\partial t^2}-R\frac{\partial i}{\partial t}&=h\frac{\partial^2 E}{\partial x\,\partial t}\\ h\frac{\partial E}{\partial t}-\frac{\partial v}{\partial t}-\frac{1}{C}\frac{\partial i}{\partial x}&=0\end{aligned}\right\}\quad\ldots\ldots\quad(246)$$

mit den Bedingungsgleichungen:

$$hE-L_1\frac{\partial i}{\partial t}-R_1 i-\frac{1}{C_1}\int\limits_0^t i\,dt-v=0\ (\text{für } x=0)$$

$$hE+L_n\frac{\partial i}{\partial t}+R_n i+\frac{1}{C_n}\int\limits_0^t i\,dt-v=0\ (\text{für } x=l),$$

wobei angenommen ist, daß die Impedanzen z_1 und z_n aus einer Selbstinduktion, Kapazität und Widerstand in Reihe bestehen. Weiter müssen noch i und v vor dem Eintreffen der Welle auf die ganze Länge der Antenne gleich Null sein. Es liegt nahe, die Störungswelle wieder als Fourierintegral zu schreiben, also

$$E=f\left(t-\frac{x\cos\varphi+y\sin\varphi}{c}\right)=\frac{1}{2\pi}\int\limits_{-\infty}^{+\infty}\varphi(\alpha)\,e^{i\alpha\left(t-\frac{x\cos\varphi+y\sin\varphi}{c}\right)}d\alpha.$$

Beim Betrachten der ersten der Gleichungen (246) sehen wir, daß im zweiten Gliede die Funktion, die die Störung darstellt, zweimal differentiert ist. Sofern die bis jetzt benutzte Integrationsmethode gültig sein soll, müßte

$$\frac{d^2}{dt^2}\int\limits_{-\infty}^{+\infty}\varphi(\alpha)\,e^{i\alpha t}d\alpha=-\int\limits_{-\infty}^{+\infty}\alpha^2\varphi(\alpha)\,e^{i\alpha t}d\alpha,$$

somit die Funktion $\varphi(\alpha)$ so beschaffen sein, daß die Differentiation unter dem Integrationszeichen erlaubt ist. Daher können wir nicht wie bisher von einer einfachen aperiodischen Störungswelle ausgehen. Ganz allgemein läuft die obige Bedingung hierauf hinaus, daß die Funktion bei $t=0$ mit ihrem ersten Differentialquotienten stetig ist, mathematisch stetig wenigstens. Daß vom physischen Standpunkte keine Stetigkeit bedingt ist, lehrt die Funktion

$$f(t)=\frac{(p-q)(r-q)}{2\pi}\int\limits_{-\infty}^{+\infty}\frac{e^{i\alpha t}\,d\alpha}{(q+i\alpha)(p+i\alpha)(r+i\alpha)}$$

$$=e^{-qt}-\frac{r-q}{r-p}e^{-pt}-\frac{p-q}{p-r}e^{-rt}.$$

Sind p, r und $r-p$ alle groß gegen q, so ist $f(t)$, mit Ausnahme eines sehr kleinen Bereiches von t, gleich e^{-qt}, so daß, physisch gesprochen, die Welle ein unstetiges Vorderende besitzt. Praktisch können wir also das Fourierverfahren immer anwenden und zur Integration an die in den vorhergehenden Abschnitten gewonnenen Formeln anknüpfen. Um die Stromstärke bei $x=0$ zu finden, ersetzen wir ω durch α, multiplizieren mit $\frac{1}{2\pi} e^{i\alpha t} \varphi(\alpha)\, d\alpha$ und integrieren dann von $-\infty$ bis $+\infty$. Für die am Ende $x=l$ kurz geschlossene Antenne gilt dann (236):

$$i(0) = -\frac{1}{2\pi}\int_{-\infty}^{+\infty} \varphi(\alpha) \frac{a}{\beta^2-\varrho^2} \frac{2\varrho e^{i\rho l} + (\beta-\varrho)e^{-i\beta l} - (\beta+\varrho)e^{i\beta l}}{\alpha C\left\{\left(z_1 - \frac{\beta}{\alpha C}\right)e^{-i\beta l} + \left(z_1 + \frac{\beta}{\alpha C}\right)e^{i\beta l}\right\}} e^{i\alpha t} d\alpha \quad (247)$$

Um die Störungsenergie zu berechnen, denken wir uns einen zweiten abgestimmten Kreis von der Impedanz z_2, der mit der Antenne im Punkte $x=0$ gekoppelt ist. Die Stromstärke darin wird dann, wenn M der gegenseitige Induktionskoeffizient ist:

$$i_2 = \frac{1}{2\pi}\int_{-\infty}^{+\infty} \frac{i\alpha M J(0) e^{i\alpha t}}{z_2} d\alpha \quad . \quad . \quad . \quad . \quad . \quad (248)$$

Die Störungsfreiheit im früher bezeichneten Sinne ist

$$S_2 = \frac{i_2{}^2(\omega_2)\, T}{2\int_0^\infty i_2{}^2\, dt},$$

wenn $i_2(\omega_2)$ die Signalstromstärke bei der Resonanzfrequenz ω_2 des zweiten Kreises, und i_2 die Stromstärke bei Erregung durch die Störungswelle darstellt. Das Integral

$$I = \int_0^\infty i_2{}^2\, dt \quad . \quad . \quad . \quad . \quad . \quad . \quad . \quad (249)$$

können wir mit Hilfe der Formel (55) auswerten. Schreiben wir den Ausdruck (248) in der Form

$$i_2 = \frac{1}{2\pi}\int_{-\infty}^{+\infty} \varphi(\alpha) \frac{i\alpha M}{z_2} f(\alpha) e^{i\alpha t} d\alpha$$

$$= \frac{1}{2\pi L_2}\int_{-\infty}^{+\infty} \varphi(\alpha) \frac{(i\alpha)^2 M}{(i\alpha - \nu_2)(i\alpha - \nu_2{}^*)} f(\alpha) e^{i\alpha t} d\alpha,$$

so zeigt der Vergleich mit (55) unmittelbar, daß der Wert des Integrales (249) hauptsächlich von den Werten der Funktion unter dem Integrationszeichen bestimmt wird, die zu dem Resonanzgebiete des Kreises 2 gehören. Nähert sich die Dämpfung dieses Kreises der Null, so beschränken sich die Werte von α, die einen merklichen Beitrag zum Integral liefern, auf ein sehr enges Spektralgebiet und wir kommen wieder auf die frühere Formel (47) zurück. Wenn aber die Dämpfungskonstanten der Eigenschwingungen der horizontalen Antenne von derselben Größenordnung sind wie die des gekoppelten Kreises, so bedarf es eingehenderen Untersuchung der Funktion $f(\alpha)$. Wir wollen dabei voraussetzen, daß der zweite Kreis auf eine der Eigenschwingungen der Antenne abgestimmt ist. Nach der auf Seite (31) gegebenen geometrischer Betrachtung genügt es, den allgemeinen Charakter der Resonanzkurve der Antenne zu studieren. Die Gleichung der Resonanzkurve ist

$$J = A \left| \frac{(i\alpha)^2 f(\alpha)}{z_2} \right|^2$$

$$= \frac{A\, a^2\, \alpha^2}{(\varrho^2 - \beta^2)^2\, C^2} \frac{6\varrho^2 + 2\beta^2 + 4\varrho(\beta - \varrho)\cos(\varrho + \beta)l - 4\varrho(\beta + \varrho)\cos(\varrho - \beta)l - 2(\beta^2 - \varrho^2)\cos 2\beta l}{\left\{\delta_2{}^2 + (\alpha - \omega_2)^2\right\}\left\{\delta_2{}^2 + (\alpha + \omega_2)^2\right\} z(i\alpha)\cdot z(-i\alpha)},$$

wenn A eine Konstante ist und

$$z(i\alpha) = \left(z_1 - \frac{\beta}{\alpha C}\right) e^{-i\beta l} + \left(z_1 + \frac{\beta}{\alpha C}\right) e^{i\beta l}.$$

Weil der Zähler des zweiten Faktors eine kontinuierliche Funktion von α ist und nur diejenigen Bereiche von α zum Werte des Integrales beitragen, die in der nächsten Umgebung der Resonanzfrequenz ω_2 und der Resonanzfrequenzen der Antenne liegen, so brauchen wir nur den zweiten Nenner zu berücksichtigen. Wenn eine der Resonanzfrequenzen der Antenne mit ω_2 zusammenfällt, so hat die Resonanzkurve nur an dieser Stelle eine ausgesprochene Spitze, und der wichtigste Bereich von α liegt innerhalb der Grenzen $\omega_2 - \alpha_1$ und $\omega_2 + \alpha_1$. Dabei ist α_1 so zu wählen, daß $\frac{\alpha_1}{\omega_2}$ eine kleine und $\frac{\alpha_1}{\delta}$ eine große Zahl ergibt, wenn δ die Dämpfungskonstante von derjenigen der beiden übereinstimmenden Eigenschwingungen ist, welche die geringste Dämpfung besitzt, entsprechend unseren früheren Rechnungen.

Bedeutet z_1 einen reinen ohmschen Widerstand vom Betrage R_1, so ist, wenn der verteilte Widerstand verschwindend klein ist,

$$z(i\alpha)z(-i\alpha) = 2\left\{R_1{}^2 + \frac{1}{c^2 C^2} + \left(R_1{}^2 - \frac{1}{c^2 C^2}\right)\cos\frac{2\alpha l}{c}\right\}.$$

Die Resonanzfrequenzen sind, je nachdem $R_1 c C > 1$ oder < 1

$$\alpha = \frac{(2k+1)\pi c}{2l} \quad \text{oder} \quad \alpha = \frac{k\pi c}{l},$$

also weit voneinander entfernt, solange l nicht sehr groß ist. Durch Entwicklung des cos, und wenn wir $\frac{(2k+1)\pi c}{2l}$ oder $\frac{k\pi c}{l}$ gleich ω_2 setzen findet man dann:

$$z(i\alpha)z(-i\alpha) = 2\left\{R_1^2 + \frac{1}{c^2C^2} \pm \left(\frac{1}{c^2C^2} - R_1^2\right)\left(1 - \frac{4(\omega_2-\alpha)^2}{2!}\frac{l^2}{c^2} + \ldots\right)\right\}$$

$$= 2\left\{2R_1^2 \pm \left(\frac{1}{c^2C^2} - R_1^2\right)\frac{2l^2}{c^2}(\omega_2-\alpha)^2 + \ldots\right\}.$$

Dieser Ausdruck hat denselben Bau wie $|z_2|^2$, solange $\omega_2 - \alpha$ klein ist. Es hat somit die Resonanzspitze der Antenne entsprechend ihrer zugehörigen Resonanzfrequenz, die mit der des sekundären Kreises übereinstimmt, nahezu dieselbe Form wie die Resonanzspitze eines einzelnen Kreises, so daß die Störungsenergie im wesentlichen gleich ist derjenigen im zweiten Kreise eines Systemes von zwei auf dieselbe Frequenz abgestimmten Kreisen mit konzentrierter Selbstinduktion und Kapazität. Auch bei einem allgemeinen Charakter der Impedanz z_1 kann man durch eine ähnliche Entwicklung zu diesem Ergebnis kommen. Unsere Antenne verhält sich demnach in ähnlicher Weise wie das früher behandelte System (Seite 50) von beliebig gekoppelten Kreisen, dessen Eigenschwingungen weit auseinander liegen. Tatsächlich ist das auch der Fall, und nur bei ganz enormen Werten von l kann man eine große Zahl von Eigenschwingen in einen kleinen Bereich zusammendrängen. Dann aber besitzt die Resonanzkurve dort keine ausgesprochene Spitzen mehr.

Einen besonderen Fall bekommt man, wenn $z_1 = \frac{1}{cC}$. Das Verhältnis der Signal- zur Störungsenergie wird dann ausschließlich durch die Eigenschaften des sekundären Kreises bestimmt, gerade wie beim früher behandelten gekoppelten Empfänger, dessen primärer Kreis eine viel größere Dämpfung besitzt wie der sekundäre. In diesem Falle würde sogar die Dämpfungskonstante der Eigenschwingungen der Antenne unendlich groß sein. Dabei haben wir angenommen, daß der verteilte Widerstand der Leitung null und R_1 ein rein Ohmscher Widerstand ist. Streng genommen können diese Bedingungen nicht erfüllt, und gerade deswegen die Dämpfungskonstante niemals unendlich groß werden. Bei geeigneter Wahl von z_1 und geringem R kann die Dämpfungskonstante sehr beträchtlich sein, so daß auch die Empfangsstärke für einen großen Frequenzbereich nahezu konstant ist (vgl. 239).

Wir wollen schließlich noch den Charakter des durch die Formel (247) dargestellten Ausdruckes für die Stromstärke untersuchen, bei den Bedingungen

$$z_n = \frac{\beta}{\omega C} = \frac{1}{c C}.$$

Es ist dann

$$A = -\frac{a}{\beta - \varrho} \frac{e^{i(\varrho-\beta)l}}{2\beta}$$

$$B = -\frac{a}{\beta^2 - \varrho^2} \left(\frac{z_1 - \frac{\varrho}{\omega C}}{z_1 + \frac{1}{c C}} - \frac{\beta + \varrho}{2\beta} \cdot \frac{z_1 - \frac{1}{c C}}{z_1 + \frac{1}{c C}} e^{i(\varrho-\beta)l} \right)$$

und beim Eintreffen einer beliebigen Störungswelle:

$$i(x) = \frac{1}{2\pi} \int_{-\infty}^{+\infty} \varphi(\alpha) \left(A e^{i\beta x} + B e^{-i\beta x} + \frac{a e^{i\varrho x}}{\beta^2 - \varrho^2} \right) e^{i\alpha t} d\alpha \quad . \qquad (250)$$

Das erste Teilintegral läßt sich auffassen als mathematischer Ausdruck einer sich in der negativen x-Richtung fortpflanzenden Welle, die zurzeit

$$t = \frac{l(1 + \cos\varphi) - x}{c}$$

bei x ankommt.

Das zweite Teilintegral stellt zwei sich in der positiven x-Richtung fortpflanzende Wellen dar, deren erste zurzeit $t = \frac{x}{c}$ bei x, und deren zweite zurzeit

$$t = \frac{l(1 + \cos\varphi) + x}{c}$$

ankommt.

Das dritte Integral stellt eine Welle in der positiven x-Richtung dar, solange $\cos\varphi$ positiv ist, die Welle also von links her kommt; sie pflanzt sich in der entgegengesetzten Richtung fort, wenn $\cos\varphi$ negativ ist, die Störung demnach von rechts beginnt. Im Punkte $x = 0$ ist schließlich

$$i(0) = \frac{1}{2\pi} \int_{-\infty}^{+\infty} \varphi(\alpha) \frac{a}{(\beta - \varrho)\beta} \frac{1}{1 + z_1 c C} \left(1 - e^{-\frac{i\alpha}{c} l(1 + \cos\varphi)}\right) e^{i\alpha t} d\alpha$$

$$= \frac{h E \cos\varphi}{1 + \cos\varphi} \frac{1}{R_1 + \frac{1}{c C}} \left\{ f(t) - f\left(t - \frac{l(1 + \cos\varphi)}{c}\right) \right\}$$

wenn z_1 ein Ohmscher Widerstand ist. Bei nicht zu großen Werten von l kann man dafür setzen

$$i(0) = \frac{h l E}{c} \frac{\cos \varphi}{R_1 + \frac{1}{c C}} \frac{d f}{d t},$$

so daß die Stromform in einem Rahmen mit einer Windung und einem Endwiderstande gleich $\frac{1}{c C}$ nahezu übereinstimmt mit der ersten Derivierten der Zeitfunktion, die die Wellenform darstellt. Ist $f(t)$ eine rein periodische Funktion, so sieht man, durch Vergleich mit (250), daß die einseitige Richtfähigkeit verursacht wird durch die Interferenz im Punkte $x = 0$ der beiden in der positiven x-Richtung forteilenden Wellen mit den beiden anderen.

---

11. Der Einfluß des Mediums auf die Störungsfreiheit.

Bis jetzt haben wir immer vorausgesetzt, daß die Antennen sich in Luft befanden. In die letzten Jahre[22]) fallen aber zahlreiche Versuche mit unter Erde oder Wasser liegenden Antennen, die angeblich sehr günstige Resultate einbrachten. Mit Rücksicht auf das Ergebnis von Kapitel I, Abschnitt 7, scheint es aber von vornherein unwahrscheinlich, daß die Störungsfreiheit bei solchen Antennen größer sein könnte als bei einer Antenne in Luft oder irgend einem anderen Dielektrikum, weil doch letzten Endes nur die Intensität des Störungsspektrums in der unmittelbaren Umgebung der Resonanzfrequenz maßgebend ist. Einfach liegt der Fall und stimmt im wesentlichen mit den bei unterirdischem Empfang vorkommenden praktischen Verhältnissen überein, wenn wir eine Störungswelle, die sich in der Luft fortpflanzt, auf ein leitendes Medium fallen lassen und sodann die Feldstärken im Medium berechnen. Die Trennungsfläche zwischen Luft und Leiter sei die xy-Ebene, und die Störungswelle zunächst eine ebene periodische Welle, deren Fortpflanzungsrichtung mit der negativen Richtung der z-Achse einen Winkel φ einschließt. Wird die Welle in der Einfallsebene polarisiert, so ist die Richtung der magnetischen Feldstärke parallel der xy-Ebene. Es möge noch die x-Achse mit der Projektion der Fortpflanzungsrichtung zusammenfallen.

Es sind dann die Maxwellschen Gleichungen in der Luft:

$$\left.\begin{aligned} \frac{1}{c}\frac{\partial E_{x1}}{\partial t} &= -\frac{\partial H_{y1}}{\partial z} \\ \frac{1}{c}\frac{\partial E_{z1}}{\partial t} &= \frac{\partial H_{y1}}{\partial x} \\ -\frac{1}{c}\frac{\partial H_{y1}}{\partial t} &= \frac{\partial E_{x1}}{\partial z} - \frac{\partial E_{z1}}{\partial x} \end{aligned}\right\} \quad . \ : \ . \ . \quad (251)$$

Wir setzen nun für die einfallende Störungswelle:

$$E'_{x1} = E\, e^{i\alpha\left(t - \frac{x\sin\varphi - z\cos\varphi}{c}\right)}$$
$$E'_{z1} = E'_{x1}\,\mathrm{tg}\,\varphi .$$

Die an der Ebene $z = 0$ reflektierte Welle ergibt sich durch den Ausdruck:

$$E''_{x1} = E'\, e^{i\alpha\left(t - \frac{x\sin\varphi + z\cos\varphi}{c}\right)}$$
$$E''_{z1} = -E''_{x1}\,\mathrm{tg}\,\varphi .$$

Den Maxwellschen Gleichungen genügt das folgende System von Größen:

$$\left.\begin{aligned} E_{x1} &= E\, e^{i\alpha\left(t - \frac{x\sin\varphi - z\cos\varphi}{c}\right)} + E'\, e^{i\alpha\left(t - \frac{x\sin\varphi + z\cos\varphi}{c}\right)} \\ E_{z1} &= E\,\mathrm{tg}\,\varphi\, e^{i\alpha\left(t - \frac{x\sin\varphi - z\cos\varphi}{c}\right)} - E'\,\mathrm{tg}\,\varphi\, e^{i\alpha\left(t - \frac{x\sin\varphi + z\cos\varphi}{c}\right)} \\ H_{y1} &= -\frac{E}{\cos\varphi} e^{i\alpha\left(t - \frac{x\sin\varphi - z\cos\varphi}{c}\right)} + \frac{E'}{\cos\varphi} e^{i\alpha\left(t - \frac{x\sin\varphi + z\cos\varphi}{c}\right)} \end{aligned}\right\} \quad (252)$$

Im leitenden Medium gelten die Gleichungen

$$\left.\begin{aligned} \frac{\varepsilon}{c}\frac{\partial E_{x2}}{\partial t} + \frac{4\pi\sigma}{c} E_{x2} &= -\frac{\partial H_{y2}}{\partial z} \\ \frac{\varepsilon}{c}\frac{\partial E_{z2}}{\partial t} + \frac{4\pi\sigma}{c} E_{z2} &= \frac{\partial H_{y2}}{\partial x} \\ -\frac{\mu}{c}\frac{\partial H_{y2}}{\partial t} &= \frac{\partial E_{x2}}{\partial z} - \frac{\partial E_{z2}}{\partial x} \end{aligned}\right\} \quad . \ . \quad (253)$$

Schließlich entsprechen in der Grenzebene die Grenzbedingungen:

$$\left.\begin{aligned} H_{y1} &= H_{y2} \\ E_{x1} &= E_{x2} \\ \frac{\partial E_{z1}}{\partial t} &= \varepsilon \frac{\partial E_{z2}}{\partial t} + 4\pi\sigma E_{z2} \end{aligned}\right\} \quad . \ . \ . \ . \quad (254)$$

Diese drei Gleichungen stehen aber in Zusammenhang mit (251) und (253), und wir brauchen nur die beiden ersten zu berücksichtigen.

Wir wollen jetzt die Gleichungen (253) in der Form integrieren:

$$E_{x2} = A\, e^{i\alpha t + \gamma x + \eta z} \quad . \ . \ . \ . \ . \ . \ . \quad (255)$$

dann ersetzen wir das Symbol $\frac{\partial}{\partial t}$ durch $i\alpha$ und lassen den Faktor $e^{i\alpha t}$ weg. Es werden dann die Gleichungen (253):

$$\left.\begin{aligned} \left(\frac{i\alpha\varepsilon}{c}+\frac{4\pi\sigma}{c}\right)E_{x2} &= -\frac{\partial H_{y2}}{\partial z} \\ \left(\frac{i\alpha\varepsilon}{c}+\frac{4\pi\sigma}{c}\right)E_{z2} &= \frac{\partial H_{y2}}{\partial x} \\ -\frac{i\alpha\mu}{c}H_{y2} &= \frac{\partial E_{x2}}{\partial z}-\frac{\partial E_{z2}}{\partial x} \end{aligned}\right\} \quad . \quad . \quad (256)$$

Durch Substitution von (255) und Integration wird:

$$\left.\begin{aligned} E_{x2} &= A e^{\gamma x+\eta z} \\ H_{y2} &= -\frac{i\alpha\varepsilon+4\pi\sigma}{\eta c}A e^{\gamma x+\eta z} \\ E_{z2} &= -\frac{\gamma}{\eta}A e^{\gamma x+\eta z} \end{aligned}\right\} \quad . \quad . \quad . \quad (257)$$

wobei zwischen γ und η die Beziehung besteht:

$$\eta^2+\gamma^2=\frac{i\alpha\mu(i\alpha\varepsilon+4\pi\sigma)}{c^2} \quad . \quad . \quad . \quad . \quad (258)$$

Es gibt jetzt die erste der Bedingungsgleichungen (254)

$$-\frac{i\alpha\varepsilon+4\pi\sigma}{\eta c}A e^{\gamma x}\cos\varphi=(E'-E)e^{-\frac{i\alpha x\sin\varphi}{c}},$$

also

$$\gamma=-\frac{i\alpha\sin\varphi}{c} \quad . \quad . \quad . \quad . \quad . \quad . \quad . \quad . \quad (259)$$

und

$$-\frac{i\alpha\varepsilon+4\pi\sigma}{\eta c}A\cos\varphi=E'-E.$$

Die zweite Bedingungsgleichung gibt:

$$A=E+E'.$$

Setzen wir

$$\frac{i\alpha\varepsilon+4\pi\sigma}{c}=\beta,$$

so wird

$$A=\frac{2\eta}{\beta\cos\varphi+\eta}E,$$

$$E'=-\frac{\beta\cos\varphi-\eta}{\beta\cos\varphi+\eta}E.$$

Es muß dabei derjenige Wert von η aus der Gleichung (258) genommen werden, durch den für $z=-\infty$ die Größen E_{x2} usw. unendlich klein werden, also die Wurzel mit einem positiven reellen Teil.

Wir wollen die Größen

$$|E_{x1}|^2,\ |E_{z1}|^2,\ |E_{x2}|^2 \text{ und } |E_{z2}|^2$$

berechnen, weil diese maßgebend sind für die Störungsenergie. Zur Erleichterung der Rechnungen setzen wir

$$\beta = \frac{4\pi\sigma}{c};\quad \eta = \frac{1}{c}\sqrt{4\pi\sigma\mu i\alpha} \quad . \quad . \quad . \quad . \quad . \quad (260)$$

Dies ist keineswegs eine Vernachlässigung ad hoc, denn es ist bei Seewasser mit

$$\sigma = 27\cdot 10^9 \text{ und } \varepsilon = 80$$

das Verhältnis

$$\left|\frac{i\alpha\varepsilon}{4\pi\sigma}\right| < 0{,}01,$$

solange die Wellenlänge über 400 Meter bleibt, während für nassen Boden mit

$$\sigma = 9\cdot 10^7 \quad \varepsilon = 10$$

der etwaige Fehler für Wellenlängen über 300 Meter 5 % nicht überschreitet.

Ist nun E bekannt, und nimmt z keine sehr großen Werte an, so ist

$$|E_{x1}| = |E + E'| = \left|\frac{2\eta}{\beta\cos\varphi + \eta}\right| E$$

$$|E_{z1}| = |(E - E')\operatorname{tg}\varphi| = \left|\frac{2\beta\sin\varphi}{\beta\cos\varphi + \eta}\right| E$$

$$|E_{x2}| = |A e^{\eta z}| = \left|\frac{2\eta e^{\eta z}}{\beta\cos\varphi + \eta}\right| E$$

$$|E_{z2}| = \left|\frac{\gamma}{\eta} A e^{\eta z}\right| = \left|\frac{2\gamma e^{\eta z}}{\beta\cos\varphi + \eta}\right| E.$$

Die Einsetzung der Werte (259) und (260) von γ, η und β gibt sodann

$$\left.\begin{aligned}
|E_{x1}|^2 &= \frac{4\mu\alpha E^2}{4\pi\sigma\cos^2\varphi + 2\cos\varphi\sqrt{2\pi\sigma\mu\alpha} + \mu\alpha} \\
|E_{z1}|^2 &= \frac{16\pi\sigma\sin^2\varphi\, E^2}{4\pi\sigma\cos^2\varphi + 2\cos\varphi\sqrt{2\pi\sigma\mu\alpha} + \mu\alpha} \\
|E_{x2}|^2 &= \frac{4\mu\alpha e^{\frac{2z}{c}\sqrt{2\pi\sigma\mu\alpha}} E^2}{4\pi\sigma\cos^2\varphi + 2\cos\varphi\sqrt{2\pi\sigma\mu\alpha} + \mu\alpha} \\
|E_{z2}|^2 &= \frac{\alpha^2\sin^2\varphi\, e^{\frac{2z}{c}\sqrt{2\pi\sigma\mu\alpha}} E^2}{\pi\sigma\left(4\pi\sigma\cos^2\varphi + 2\cos\varphi\sqrt{2\pi\sigma\mu\alpha} + \mu\alpha\right)}
\end{aligned}\right\} \quad (261)$$

Bei der Ableitung dieser Formeln haben wir eine ebene Welle vorausgesetzt, deren Fortpflanzungsrichtung mit der Normalen der leitenden Fläche einen Winkel φ einschließt. Dies entspricht ungefähr den wirklichen Verhältnissen, wenn φ gleich $\frac{\pi}{2}$ ist. Denken wir uns jetzt einen horizontalen Draht in der Erde eingebettet. Als wirksame elektromotorische Kraft können wir dann etwa das Linienintegral von E_{x2} längs dem Drahte ansehen, oder wenigstens eine Größe, die damit proportional ist. Dann beträgt, wenn wir die Funktion $\varphi(\alpha)$ die die Wellenform der Störung charakterisiert mit aufnehmen in E, die von einer beliebigen, aus periodischen Planwellen zusammengesetzten Störungswelle an die Antenne übertragene Energie

$$U_{St} = \frac{2\delta}{\pi L}\int_0^\infty \frac{\alpha^2 |E_{x2}|^2 d\alpha}{\{\delta^2 + (\alpha-\omega)^2\}\{\delta^2 + (\alpha+\omega)^2\}}$$

$$= \frac{2\delta}{\pi L}\int_0^\infty \frac{\alpha^2 |E_{s1}|^2}{\{\delta^2 + (\alpha-\omega)^2\}\{\delta^2 + (\alpha+\omega)^2\}} \frac{\mu\alpha e^{\frac{2s}{c}\sqrt{2\pi\sigma\mu\alpha}}}{4\pi\sigma} d\alpha.$$

Gegenüber dem früheren Ausdruck (55) unterscheidet sich dieser nur durch den Faktor

$$K = \frac{\mu\alpha e^{\frac{2s}{c}\sqrt{2\pi\sigma\mu\alpha}}}{4\pi\sigma}$$

der Funktion unter dem Integrationszeichen; auch hier bleibt bei sehr kleinem δ der wichtigste Bereich der Integrationsvariabelen auf die nächste Umgebung der Resonanzfrequenz ω beschränkt, und die Störungsfreiheit ist dieselbe wie die einer Antenne in Luft. Wenn auch nicht anzunehmen ist, daß die Erdantenne selbst eine sehr geringe Dämpfung besitzt, so lassen sich doch die Verhältnisse auf den Fall geringer Dämpfung zurückführen durch Kopplung der Antenne mit einem schwach gedämpften Sekundärkreis. Es kann aber der Faktor K in gewissen Fällen die Störungsenergie erheblich beeinflussen; er hat, wie sich leicht beweisen läßt, für jeden Wert von z bei einer bestimmten Frequenz einen Maximumwert. Dies bedeutet also, daß in jeder Tiefe eine Frequenz nachzuweisen ist, die relativ weniger geschwächt wird als die übrigen, denn K ist das Maß für die Schwächung der effektiven EMK, die auf die Erdantenne wirkt, im Vergleich mit derjenigen einer vertikalen Antenne in Abhängigkeit von der Tiefe.

K ist Maximum, wenn

$$\alpha = \frac{c^2}{2\pi\sigma\mu z^2}.$$

Die günstigste Tiefe ist also bestimmt durch

$$z = -\frac{c}{\sqrt{2\pi\sigma\mu\alpha}} \quad \ldots\ldots\ldots \quad (262)$$

Nimmt man als leitendes Medium z. B. Seewasser, so läge nach dieser Formel der Draht für den Empfang von Wellenlängen von 500 m etwa 37 cm unter dem Wasserspiegel, für Wellen von 8000 m aber wäre die günstigste Tiefe bei etwa 1.50 m. Diese Werte weichen nicht allzuviel von den in der Praxis benutzten ab. Für einen Boden mit geringem Leitvermögen aber gibt die Formel (262) etwas zu große Werte. Im übrigen kann natürlich von der besonderen Form der Funktion $\varphi(\alpha)$, also dem Charakter der Störungen, die günstigste Tiefe abhängig sein. Sie hat aber nur Bedeutung, soweit es sich um den Einfluß der außerhalb des Resonanzgebietes liegenden Spektralbereiches handelt, und dieser nimmt ab, je geringer δ ist. Besonders schädlich kann es sein, wenn man die Antenne in eine zu große Tiefe verlegt. Dann kann unter Umständen der Einfluß des Resonanzbereiches seine Bedeutung vollkommen gegenüber dem der längeren Spektralgebiete verlieren, die Signalstärke im Verhältnis zu den Störungen sehr gering werden, so daß schließlich nur noch diese übrigbleiben.

Im obigen verglichen wir eine vertikale Antenne in der Luft mit einer horizontalen unter der Erdoberfläche. Statt der vertikalen Antenne können wir natürlich auch einen horizontalen Draht in der Luft betrachten. Ist nun der Draht so hoch angeordnet, daß der Kapazitätseffekt gegenüber der Erde vernachlässigt werden kann, und bedeutet E_x die wirksame elektromotorische Kraft, so ergibt sich aus den Ausdrücken (261) der Einfluß der außerhalb des Resonanzgebietes liegenden Spektralbereiches ein wenig anders als bei der vertikalen Antenne. Im besonderen ist der Einfluß der längeren Wellen aus dem Störungsspektrum relativ geringer, derjenige der kürzeren Wellen aber größer als bei der vertikalen Antenne, sodaß ein geringer Unterschied in der Störungsfreiheit vorhanden sein kann. Durch Kopplung mehrerer Kreise und Verringerung der Dämpfung ist aber der Unterschied sehr bald nicht mehr wahrzunehmen. Es entsteht nämlich dadurch, daß der Anteil der erzwungenen Schwingung an der Störungsenergie bei beiden Antennen verschieden sein kann. Der Anteil der Eigenschwingung ist aber bei beiden gleich, und so kann dieser Unterschied in der Störungsfreiheit niemals zu einem wirksamen Systeme der Ausbalanzierung der Störungen unter Beibehaltung der Signale führen. Es sei noch bemerkt, daß auch in der nämlichen Weise die Störungsfreiheit der vertikalen Antenne und des Rahmens ein wenig verschieden sein kann.

Es hat aber die Erdantenne noch zwei wichtige, bis jetzt nicht berücksichtigte Eigenschaften, erstens eine günstige Richtcharakteristik und zweitens werden durch ihre Einbettung in ein leitendes Medium die statischen Felder vollständig beseitigt.

Die Richteigenschaften sind ungefähr dieselben wie diejenigen der vorher behandelten horizontalen Antennen, sobald die Geschwindigkeit der Drahtwellen geringer ist als die der freien Welle.

Anscheinend bestimmen diese letzten Faktoren vielmehr die günstigen Eigenschaften der unterirdischen Antennen als der oben erwähnte Einfluß der Tiefe.

Ähnliche Verhältnisse bekommt man bei Anwendung eines Dieckmannschen Käfigs, der schließlich auch eine leitende Hülle bildet. Man erhält einen dieser Anordnung entsprechenden Fall, wenn man die Störungswelle senkrecht auf eine leitende Platte einfallen läßt, also in den Gleichungen (252) φ gleich null setzt. Auch für einen hoch über der Erde ausgespannten Draht ließe sich ein solcher Käfig zur Abschirmung der statischen Felder anwenden.

Die Zusammenfassung.

Fassen wir die in unserer Untersuchung gefundenen Resultate zusammen, so ergibt sich vom theoretischen Standpunkt, daß das Problem der Unterdrückung der atmosphärischen Störungen in sehr einfacher Weise formuliert werden kann.

Durch die Wahl der Darstellung einer wellenförmigen Störung vermittelst eines Fourierintegrals wird jede Störung als ein kontinuierliches Spektrum aufgefaßt, in dem alle Wellenlängen von Null bis Unendlichgroß vertreten sind. Zunächst hat diese spektrale Zerlegung nur eine mathematische Bedeutung, sie wird aber zu einer physischen Realität durch das Ergebnis, daß die Energie in einem schwach gedämpften Kreise durch die Intensität des Spektrums in der Nähe der Eigenfrequenz des Kreises bestimmt ist. So hat man ein Mittel, das Spektrum zu erzeugen, zumal sein Wesen auch in der Optik nicht in den Erscheinungen selbst liegt, sondern in den Beobachtungsmitteln.

Aus der Erkenntnis des Einflusses der Spektralintensität auf die Störungsenergie folgt unmittelbar, daß das Verhältnis der Signal- zur Störungsenergie unabhängig ist von der Art der benutzten Antenne, solange die Störungs- wie Signalwelle aus derselben Richtung kommen.

Man kann den Sachverhalt gewissermaßen auch so ausdrücken, daß man sagt, die Störungsenergie wird gerade geliefert von denjenigen Wellen des Störungsspektrums, die mit der Signalwelle zusammenfallen, und daher wird es niemals möglich sein, die Störungen zu unterdrücken, ohne gleichzeitige Unterdrückung der Signale. Diese Art der Formulierung ist zwar nicht exakt, aber sie gibt die tatsächlichen Verhältnisse doch richtig wieder.

Weiter führt das obige Ergebnis zu einer ungezwungenen Erklärung von der Erscheinung, daß die täglichen Intensitätsschwankungen der Störungen einen ähnlichen Charakter zeigen wie die der Signale. Auch lassen sich nun leicht die Mißerfolge aller älteren Antistörungssysteme erklären, die mit mehreren auf verschiedenen Wellenlängen abgestimmten Empfangskreisen arbeiten. Wir wissen aber jetzt, daß Vergrößerung der Störungsfreiheit durch Verringerung der Dämpfung erreicht werden kann und der idealste Empfänger aus einem einzigen Kreise mit einer so geringen Dämpfung besteht, als die erforderliche Signalgeschwindigkeit zuläßt. Die Kopplung von mehreren Kreisen vermag wohl die Störungsfreiheit zu vergrößern, aber es müssen die zu koppelnden Kreise möglichst genau gleiche elektrische Konstanten haben und extrem lose gekoppelt sein, sodaß die erreichbare Signalstärke mit jedem folgenden Kreise stark abnimmt. Die Kopplung von mehreren Kreisen wirkt in ähnlicher Weise wie die Verringerung der Dämpfung, steht aber dieser gegenüber weit zurück und ersetzt sie nur sehr mangelhaft. Eine Kopplung von mehreren Kreisen sollte daher nur dann zur Anwendung kommen, wenn sich ein einziger Kreis mit der zulässigen geringen Dämpfung nicht herstellen läßt. Über diesem sehr schwach gedämpften Kreise kann durch besondere Ausbildung der Schaltungsanordnung der Empfängerkreise nichts erreicht werden, und nach dieser Richtung hin sind alle weiteren Versuche verlorene Arbeit. Nur in besonderen Fällen könnte die Kopplung von mehreren gleichen Kreisen einen gewissen Vorteil bieten.

Bei diesen Betrachtungen wurde vorausgesetzt, daß die Störung keinen Bestandteil enthält, der eine geringere Dämpfung besitzt als die Eigenschwingung des Empfangskreises.

Natürlich gibt es viele denkbare Methoden der Ausbildung des idealen Einkreisempfängers, aber schon jetzt kann man sagen, daß die erhöhte Abstimmschärfe allein bei den gegenwärtigen Strahlungsleistungen nicht genügt, um unter allen Umständen den drahtlosen Verkehr über sehr große Entfernungen zu sichern. Auch ist die Konstanz der Sendewellenlänge bei den gegenwärtigen Sendern nicht groß genug, um die Vorteile der erhöhten Selektivität vollkommen auszunützen, und wir müssen daher zunächst Mittel finden, damit die Schwankungen der Wellenlänge noch mehr als bisher heruntergedrückt werden. Bei der Telephonie kann nicht mit so geringer Dämpfung gearbeitet werden wie bei der Telegraphie. Doch ist prinzipiell die Sachlage hier wie dort dieselbe.

Vorläufig ist an einen regelmäßigen Telephonieverkehr über sehr große Entfernungen wohl nicht zu denken.

Der Richtungsempfang bietet zwar die gleichen Vorteile für den Telephonieverkehr wie für die Telegraphie, aber sein Nachteil ist, daß die Empfangssysteme ganz enorme Abmessungen bekommen, insbesondere bei den gegenwärtig üblichen größten Wellenlängen. Die sogenannte Beverage-Antenne besitzt die Vorteile, daß die Bauart ziemlich einfach ist, ein großer Wellenlängenbereich mit konstanter Stärke empfangen wird, und die Richtwirkung hauptsächlich einseitig ist. Bei derselben Gesamtlänge ist aber der Richtfaktor etwas geringer als bei den aus getrennten Antennen oder Antennenkombinationen bestehenden Systemen, deren Bau durch den Umstand erschwert wird, daß die Einzelantennen durch lange Leitungen verbunden werden müssen, die nicht merklich am Empfang teilnehmen dürfen.

Die eingegrabene oder unter. Wasser verlegte Antenne vereinigt günstige Richteigenschaften mit Unempfindlichkeit gegen rein statische Störungen. Nach der Theorie ist hier besonders darauf zu achten, daß die Tiefe nicht zu groß gewählt wird.

Wenn in dem Spektrum einer Störungswelle Gebiete vorkommen, die eine sehr viel größere Intensität besitzen als die im Bereiche der zu empfangenden Welle, kann die Störungsfreiheit der unterirdischen Antenne größer sein als die der vertikalen. Insbesondere läßt sich der Einfluß von unterhalb der Sendewelle liegenden Spektralgebieten durch Einbettung in die Erde oder Verwendung eines Dieckmannschen Käfigs herabdrücken.

Ganz allgemein läßt sich die Frage nach dem besten Empfangssystem nicht beantworten, sondern es sind in jedem Einzelfalle die örtlichen Verhältnisse am Empfangsort zu berücksichtigen. Noch besser ist es natürlich, wenn man den Empfangsort wählen kann, da nach verschiedenen, in den letzten Jahren veröffentlichten Beobachtungen die Störungsverhältnisse oft von relativ wenig voneinander entfernt liegenden Orten ziemlich verschieden sein können.

Es ist daher wichtig, an möglichst vielen Stellen die Störungsverhältnisse zu kennen, ebenso zu wissen, woher die Störungen kommen, und welche spektrale Zusammensetzung sie aus den verschiedenen Richtungen haben. Austin veröffentlichte Untersuchungen über die Änderung der Störungsintensität mit der Wellenlänge des Empfängers wie über die Richtungsbestimmung der Störungen und hat damit zuerst den einzig richtigen Weg betreten. Seine bis jetzt vermittelten Methoden eignen sich aber nicht zu einer Bestimmung der spektralen Zusammensetzung der aus einer bestimmten Richtung eintreffenden Störungen und müßten daher nach dieser Richtung hin erweitert werden.

Mathematisch können die Störungsverhältnisse eines bestimmten Ortes durch eine Funktion von zwei Variabelen, der Richtung φ, und der Wellenlänge λ ausgedrückt werden, und nur eine möglichst genaue Kenntnis dieser Funktion gestattet die Wahl des richtigen Empfangssystemes und der Sendewelle.

Literaturverzeichnis.

Abkürzungen:

Jahrbuch = Jahrbuch der drahtlosen Telegraphie und Telephonie.

Proc. = Proceedings of the Institute of Radio engineers.

---

[1]) Vgl. auch Routh, Dynamics of a system of rigid Bodies. Whittaker, A treatise on the analytical Dynamics of particles and rigid Bodies. Lord Rayleigh, Theory of sound. Riemann-Weber, Die partiellen Diff.-Gleichungen der mathematischen Physik, Bd. I, S. 135 ff.

[2]) Vgl. z. B. Riemann-Weber, Die partiellen Diff.-Gleichungen der mathematischen Physik, Bd. I.

[3]) Vgl. z. B. Whittaker and Watson, Modern Analysis Chapter V. Goursat Cours d'analyse mathématique, Chap XIV und XVI. G. N. Watson, Complex Integration and Cauchy's Theorem.

[4]) Vgl. auch K. W. Wagner, Archiv für Elektrotechnik 1916.

[5]) Vgl. Electrician, Vol. XC, 11. Mai, 1923.

[6]) Ausführliche Literaturzusammenstellungen hierzu findet man bei: L. Bouthillon, La Propagation des Ondes Electriques; Paul Ludewig, Jahrb. 1917, Bd. 12, Seite 122. Der Einfluß geophysikalischer und meteorologischer Faktoren auf die drahtlose Telegraphie. Weiter seien hier noch erwähnt: J. A. Fleming, Jahrbuch 1917, Bd. 12, S. 175, Über die Ursachen der Jonisation der Atmosphäre; C. J. de Groot, Jahrbuch 1917, Bd. 12, Seite 532, Ueber das Wesen und die Ausschaltung von Störungen; derselbe, Radiotelegrafie in de Tropen; S. Wiedenhoff, Jahrb. 1921, Bd. 18, Seite 242. Über die Beziehungen zwischen der Ausbreitung elektromagnetischer Wellen und den Vorgängen in der Atmosphäre; M. Bäumler, Jahrb. 1922, Bd. 19, S. 102, Bd. 20, S. 456, 1923, Bd. 22, Seite 1, Das gleichzeitige Auftreten von atmosphärischen Störungen; F. Kiebitz, Jahrb. 1923, Bd. 22, Seite 196, Über Ausbreitungsvorgänge und Empfangsstörungen in der Funkentelegraphie.

[7]) Jahrbuch, Bd. 17, Seite 402, 1921.

[8]) Jahrbuch, Bd. 19, Seite 289, 1922.

[9]) Proc. Vol. 7, Nr. 6, 1919.

[10]) Jahrbuch, Bd. 14, Seite 259, 1919.

[11]) Jahrbuch, Bd. 17, Seite 410, 1921.

[12]) Jahrbuch, Bd. 20, Seite 312, 1922. Bei der Berechnung im Text wurde vorausgesetzt, daß während der ganzen Zeit, sofern überhaupt Empfang möglich war, 23 % der Signale empfangen wurde. Wenn dies auch vielleicht nicht zutrifft, so ist doch klar, daß die Verbindung noch sehr unvollkommen ist.

[13]) Vgl. z. B. Pierce, Electric Oscillations and Waves 1920. Eine allgemeine Theorie der Wellenfilter findet man bei Carson, Proceedings of the American Institute of electrical engineers April 1919.

[14]) Fleming, Electric Wave Telegraphy sec. ed. Seite 816.

[15]) Rayleigh, Theory of Sound 1st ed. Vol. 1, Seite 131.

[16]) W. F. Einthoven, Koninklyke Akademie van Wetenschappen. (Verslag van de gewone Vergadering der Wis-en Natuurkundige Afdeeling. Deel. XXXII, Nr. 3, blz. 371.

[17]) Jahrbuch, Bd. 1, Heft 8, 1908; Bd. 2, Hefte 4 und 6 1909; Bd. 9, Heft 5 1914.

[18]) Dieses und äquivalente Systeme wurden zuerst benutzt von Weagant Proc. 1919 Vol. 7 Nr. 3. Nach Weagant beruhte die Wirkung seiner Systeme darauf, daß ein beträchtlicher Teil der Störungen aus Punkten in großer Höhe über den Empfangstellen eintrat. Wäre dies tatsächlich der Fall, so müßte eine vertikale Antenne störungsfreier sein als ein Rahmen, weil dieser empfängt aus vertikaler Richtung, jene aber nicht. Spätere Messungen von Austin, die im Jahrb. 1921, Bd. 18, Seite 45 veröffentlicht sind, beweisen aber, daß das elektrische Feld einer Störungswelle, ähnlich wie das einer Signalwelle, einen sehr kleinen Winkel mit der Normale zur Erdoberfläche einschließt. Nur in Ausnahmefällen wurden größere Neigungswinkel der störenden vagabundierenden Wellen beobachtet.

[19]) Diese Kombination wurde zum ersten Male von Pickard benutzt zur Ausschaltung von Störungen aus gewissen Richtungen. Proc. 1920, vol. 8, Nr. 5. Besonders interessant ist die hinter dieser Veröffentlichung abgedruckte Diskussion.

[20]) Jahrb. 1922, Bd. 19, Heft 2, Seite 115.

[21]) Vgl. auch Hans Busch, Theorie der Beverage Antenne. Jahrb. 1923, Bd. 21, Seite 290 und 374. Beverage, Rice und Kellog, The Wave Antenna Electrician Vol. XCI 14. Sept. 1923, Seite 269.

[22]) Austin Jahrb., Bd. 17, Seite 410, 1921. Hoyt Taylor Proc. Vol. 7 Nr. 3, 4, 6, 1919.

x	$J_0(x)$	$J_1(x)$	$J_2(x)$	$J_0(x)+J_2(x)$	$J_0(x)-J_2(x)$
0.0	1.000	0.000	0.000	1.000	1.000
0.3	0.978	0 148	0.011	0.989	0.967
0.6	0.912	0.287	0.044	0.956	0.868
0.9	0.808	0 406	0.095	0.902	0.713
1.2	0.671	0.498	0.160	0.831	0.512
1.5	0.512	0.558	0.232	0.744	0.280
1.8	0.340	0.582	0.306	0.646	0.034
2.1	0.167	0.568	0.375	0.541	— 0.208
2.4	0.003	0.520	0.431	0.434	— 0.429
2.7	— 0.142	0.442	0.470	0.327	— 0.612
3.0	— 0.260	0.339	0.486	0.226	— 0.746
3.3	— 0.344	0.221	0.478	0.134	— 0.822
3.6	— 0.392	0.096	0.445	0.053	— 0.837
3.9	— 0.402	— 0.027	0.388	— 0.014	— 0.790
4.2	— 0.377	— 0.139	0.311	— 0.066	— 0.687
4.5	— 0.321	— 0.231	0.218	— 0.103	— 0.538
4.8	— 0.240	— 0.299	0.116	— 0.124	— 0.356
5.1	— 0.144	— 0.337	0.012	— 0.132	— 0.156
5.4	— 0.041	— 0.345	— 0.087	— 0.128	0.046
5.7	0.069	— 0.324	— 0.174	— 0.114	0.234
6.0	0.157	— 0.277	— 0.243	— 0.092	0.393
6.3	0.224	— 0.208	— 0.290	— 0.066	0.514
6.6	0.274	— 0.125	— 0.312	— 0.038	0.586
6.9	0.298	— 0.035	— 0.308	— 0.010	0.606
7.2	0.295	0.054	— 0.280	0.015	0.575
7.5	0.266	0.135	— 0.230	0.036	0.496
7.8	0.215	0.201	— 0.164	0.052	0.379
8.1	0.148	0.248	— 0.086	0.061	0.234
8.4	0.069	0.271	— 0.005	0.064	0.074
8.7	— 0.013	0.270	0.075	0.062	— 0.087
9.0	— 0.090	0.245	0.145	0.055	— 0.235
9.3	— 0.158	0.200	0.201	0.043	— 0.358
9.6	— 0.209	0.140	0.238	0.029	— 0.447
9.9	— 0.240	0.068	0.254	0.014	— 0.494
10.2	— 0.250	— 0.007	0 248	— 0.001	— 0.498
10.5	— 0.237	— 0.079	0.222	— 0.015	— 0.458
10.8	— 0.203	— 0.142	0.177	— 0.026	— 0.380
11.1	— 0.153	— 0.191	0.118	— 0.034	— 0.271
11.4	— 0.090	— 0.223	0.051	— 0.039	— 0.141
11.7	— 0.021	— 0.233	— 0.019	— 0.040	— 0.003
12.0	0.048	— 0.223	— 0.085	— 0.037	0.133
12.3	0.111	— 0.194	— 0.142	— 0.032	0.253
12.6	0.163	— 0.149	— 0.186	— 0.024	0.349
12.9	0.199	— 0.091	— 0.213	— 0.014	0.412
13.2	0.217	— 0.022	— 0.221	— 0.004	0.438

Druck von Max Schmersow, Kirchhain N.-L.

MIX
Papier | Fördert gute Waldnutzung
FSC® C083411

Zeitfracht Medien GmbH
Ferdinand-Jühlke-Straße 7
99095 Erfurt, Deutschland
produktsicherheit@kolibri360.de